增長的邏輯

以「結構」決定的商業核心戰略

王賽 ■ 著

目錄

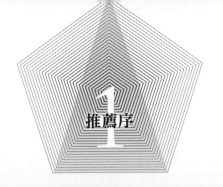

解構企業增長結構
的新框架

朱武祥

北京清華大學 經濟管理學院金融系教授

北京清華大學經濟管理學院商業模式創新研究中心主任

繼前著《增長的策略地圖》（原簡體中文版書名為《增長五線》，繁體中文版由大寫出版）之後，王賽博士把他對企業增長問題深度思考的成果進行梳理，有了新作《增長的邏輯——以「結構」決定的商業核心戰略》。

王賽博士針對企業家普遍關注和思考的增長問題，以結構為核心，像庖丁解牛那樣，對「增長結構」進行了系統的微觀解構。給出了「增長結構」的定義，提煉出了增長結構的七大微觀要素：業務結構（按照前著中「增長五

線」分類，不同於波士頓矩陣的業務結構和麥肯錫三層次業務結構）、客戶結構、競爭結構、差異化結構、不對稱結構、合作結構和價值結構，對每個要素，都給出了定義和細化解構。

對概念進行定義和構成要素解構，是理解事物運行規律的基礎，特別是複雜的事物和現象，也是比較難的事情，需要持續思考和提煉。王賽博士在本書中提出的企業增長結構的7個模組要素，為「設計、評估和診斷企業增長戰略」，提供了一個清晰的系統結構要素分析框架，也有助於解釋為什麼一些新興企業能夠後來居上，持續實現高品質增長。這些新興企業相比現有的行業霸主，似乎沒有什麼競爭優勢，用常規的SWOT（優劣態勢分析法）框架很難解釋它們的成功。增長結構還有助於解釋為什麼不少企業追求增長卻增長乏力，或者擺脫不了高風險增長甚至惡性增長。企業可以據此找到自身增長乏力的癥結，並對症下藥。

近年來，不少行業領先陣營的企業陷入財務危機甚至破產重組，除了外部因素，其中一個重要原

因是這些企業的決策者對增長的理解出現了偏差，或者說缺乏系統性思考。例如，很多大企業在制訂發展規劃時，都會把營業收入和資產規模達到千億元、萬億元作為目標，追求持續高速增長，特別是追求國內外以營收規模為核心指標的500強企業排行榜，但其他增長要素不匹配，實際上是低效增長，甚至是高風險的增長。一些企業為了實現很高的營收和資產規模目標，利用企業內部分公司或子公司的抵質押資產高槓桿舉債，擴建或者併購，把公司內部業務單元的風險關聯在一起，就像曹操在赤壁之戰中把木船連接在一起，容易造成財務危機風險快速傳染，一損俱損。

本書概念定義清晰，內容層次遞進，抽絲剝繭，語言通俗，實例豐富，對企業家理性和系統深入思考增長問題，制定好的增長戰略，並使之落實，大有裨益。

我與王賽博士相識於指導其企業家學者項目的論文時，後來我們經常交流。我深感王賽博士喜歡追問，勤於、善於、樂於思考和解構問題，探究

事物的本質。這與他讀本科時在商科之外兼修西方
哲學的專業背景和後來多年從事企業諮詢，特別是
CEO（執行長）諮詢工作的豐富經歷有關。

　　我認為，深度思考就是不斷進行蘇格拉底式的
追問，進行定義級別的提煉和原理級的解構。王賽
博士在企業增長結構探究方面的思考和提煉越來
越深刻，成果越來越豐碩。我相信，他希望構建的
「企業增長結構」理論已經呼之欲出，指日可待！

全面地思考
企業的增長問題

王川
小米集團聯合創始人、戰略長

　　王賽是一位非常優秀的諮詢顧問，他跟我說，他在諮詢過程中發現，老闆真正關心的問題通常只有一個，就是「增長」。關於增長，他思考了很多年，最終寫成了兩本書，一本是《增長的策略地圖》，另一本就是現在這本《增長的邏輯》。

　　王賽博覽群書，他跟我說他的藏書超過兩萬本，而這本書應是濃縮了他過去讀過的關於「增長」的核心觀點，他又把增長的結構拆分成業務結構、客戶結構、競爭結構、差異化結構、不對稱結構、合作結構和價值結構7個

子結構，非常全面。這本書幾乎算是關於增長的「百科全書」。

王賽認為「市場導向」就是「客戶導向」加上「競爭導向」。企業存在的理由是替用戶創造價值，最重要的增長應該是客戶增長，正所謂「水能載舟，亦能覆舟」。

優秀的公司賺取利潤，偉大的公司贏得人心。亞馬遜的創始人傑夫・貝佐斯甚至提出：「不要關心你的競爭對手，他們又不給你錢。」企業應該把關注點放在用戶身上，洞察他們的需求，跟他們建立緊密連接——包括情感連接，成為他們心中的「不二之選」。這些忠誠用戶才是企業的基石。

在「街頭小商家」的時代，歲月靜好，作為一個老闆，你可能認識每一個顧客，跟他們打招呼、話家常，瞭解他們的需求，從而建立了親密的「用戶關係」。

到了大規模生產時代，你無法再去瞭解每一位用戶，無法跟每一位用戶建立一對一的「關係」。企業的關注點和組織方式轉向了「以產品為中心」

或者「以店鋪為中心」。

　　然而，在今天的大數據（big data）時代，建立親密而牢固的用戶關係重新成為可能，企業通過大數據可以洞察每一位元用戶的需求，針對每一位用戶獨立溝通、營運，針對不同的使用者需求提供產品和服務，建立品牌。

　　當然，市場中除了企業和客戶，還有競爭對手，它們和你一起爭奪市場的占比。如何分析競爭，找到企業的定位，也是本書的重點。

　　關於競爭分析的論述，最著名的當數著名的麥可‧波特「五力模型」，這個模型被許多公司用來分析它們在市場中的競爭位置。本書中，王賽創新地提出了「反五力」模型，並從差異化結構、不對稱結構、企業的合作結構以及企業價值創造四個方面，詳細論述了破解五力的方法，讓你在為客戶提供價值的過程中贏得競爭，並獲得利潤。

　　差異化是大家平時說得最多、也是化解競爭壓力的有效方法。企業可以獲得差異化的資源，或者差異化地整合資源，或者創建品牌形成認知上的差

異化。

　　品牌的差異化可以是理性上的，王賽稱之為「一箭穿腦」，也可以是情感上的，王賽稱之為「一箭穿心」，而最高層次的品牌是創造信仰層面的差異化，王賽稱之為「一箭穿魂」。世界上頂級的品牌是宗教，具有不可磨滅的差異化。蘋果應該是接近宗教的品牌之一，粉絲對其有著近乎宗教式的狂熱，有人稱之為「蘋果教」。

　　當然，最大膽的競爭方式是採用不對稱結構，也就是攻擊競爭對手優勢中的劣勢。優勢和劣勢是矛盾的兩個方面，在一定條件下相互轉換。這種方法的奇妙之處是競爭對手完全無法回擊，因為要彌補劣勢就必須放棄自己最大的優勢。書中介紹的百事可樂攻擊可口可樂就是一個精彩的案例。

　　19世紀的英國首相帕麥斯頓（Henry John Temple, 3rd Viscount Palmerston）曾說，「沒有永恆的朋友，也沒有永恆的敵人，只有永恆的利益」，本書從合作結構的角度分析了競爭對手之間合作的可能。敵和友是矛盾的兩個方面，在一定條件下相互

轉換，時而合作，時而競爭。

　　企業的存在歸根到底是要不斷創造價值，本書中提到的價值結構，也為我們提供了分析客戶價值、財務價值和公司價值的一系列工具。

　　再回頭說說書中提到的業務結構。拿破崙曾說：「整個戰爭藝術，就是以一個謹慎而周密的防禦，繼之以一個大膽而果決的進攻。」增長亦如同戰爭的藝術，王賽的另一本書《增長的策略地圖》對此有非常精彩的論述，這次他也把前著精華濃縮在本書有關業務結構的章節中，將企業在業務結構中需要進行的布局再次深挖。

　　書中提到的「成長底線」實際上是防守線，最重要的是建立牢固的護城河，讓「對手進不來，客戶出不去」，讓企業立於不敗之地。書中也詳細介紹了各種護城河，非常全面。

　　之後，企業應該梳理出所有增長線，即進攻線，當進攻受阻的時候，可以靈活地在各個增長線之間迅速切換。而爆發線是呈指數型增長的業務，天際線則是企業成長的天花板。

　　最後，企業在無法進攻或防守的情況下，應該思考撤退線來精簡業務，當然這對企業來說是最困難的。1981年12月8日，經過8個月的思考，傑克‧威爾許前往紐約，面對華爾街分析師們，他首次公開提出了重塑奇異（GE）的「數一數二」（Be No.1 or No.2—or be gone）原則：任何事業部門必須在市場上「數一數二」，否則就要被整頓、出售或者關閉。這是非常漂亮的撤退，為奇異之後的騰飛打下了堅實的基礎。

　　同樣，賈伯斯回歸蘋果後做的最重要的一件事就是削減產品線，只提供4種基本產品：兩種不同型號的桌上型電腦，一種為普通人設計，一種為專業人士設計；兩種不同型號的筆記型電腦，同樣為這兩類人設計。這真是天才般的撤退，使蘋果公司東山再起。

　　我相信，這本書將對大家研究企業和商業現象，思考增長本質，起到重要的作用。

　　最後，我把本書所講的結構列出來，大家可以當作檢查清單，時時對照，全面地思考企業的增長

問題：

業務結構

- 撤退線＋成長底線＋增長線＋爆發線＋天際線
- 防守線：護城河＋客戶資產＋控制戰略咽喉
- 客戶資產：客戶池＋會員
- 爆發線：風口＋創新＋快＋社交瘋傳

客戶結構

- 客戶需求＋客戶組合＋客戶資產
- 客戶需求：欲望＋購買力
- 客戶組合：天使客戶＋基石客戶＋規模客戶＋利潤客戶＋長尾客戶
- 企業的客戶資產＝客戶數量×單個客戶終身價值×關係槓桿×變現模式

競爭結構

- 四種競爭市場：完全競爭市場＋壟斷競爭市場＋寡頭市場＋完全壟斷市場

- 麥可‧波特五力模型：競爭對手＋供應商＋
  客戶＋替代者＋新進入者
- 反五力
- 供應商：分散供應商＋尋找替代性供應商＋
  加大供應商之間的競爭
- 客戶：分散客戶群＋選擇議價能力較低的顧
  客群＋降低顧客價格敏感度＋提高顧客轉換
  成本
- 競爭對手：形成同行業默契
- 新進入者：控制關鍵資源＋專利＋提高預期
  報復的可能性
- 替代者：建立反脆弱系統
- 建立護城河＝無形資產＋網路效應＋低生產
  成本＋高轉換成本

差異化結構

- 資源差異化＋模式差異化＋認知差異化
- 資源：有形資產＋無形資產＋能力

- 模式差異化：商業模式創新＋價值曲線差異化
- 認知差異化：利益點＋品牌定位＋品牌認知地圖＋品牌資產
- 利益點：用戶價值＋企業資源＋競爭者優勢
- 品牌資產：品牌知名度＋品牌認知度＋品牌忠誠度＋品牌聯想＋其他專有資產（如商標、專利、管道關係等）
- 品牌溢價能力＋品牌贏利能力＋品牌的顯著性差異

不對稱結構

- 創新：維持性創新＋破壞性創新
- 平均成本定價陷阱

合作結構

- 四種合作結構：聯合擴大市場＋形成底層設施＋賦能型模式＋戰略聯盟

價值結構

- 價值：客戶價值＋財務價值＋公司價值

前言

增長五線之後
再看增長結構

　　2019年初，我在大陸中信出版社出版了《增長的策略地圖》（簡體版書名《增長五線》），並在各大媒體開闢專欄，依據書中增長五線理論的框架去分析大量的新興公司，從瑞幸、OYO、優步（Uber）到WeWork等諸多企業，一年過去，這些公司的市場表現和我當時的判斷高度一致。這讓我在跟隨管理學人理查・魯梅爾特（Richard Rumelt）探索何謂「好戰略，壞戰略」的過程中，獲得了更大的自信。

　　我在《增長的策略地圖》中寫道，戰略與行銷的融合才是真正驅動市場的好戰略，戰略的宏觀性和市場行銷的微觀性，可以在增長這門學科中得到融合。但是增長五線

只是我想建立的「增長結構派」的冰山一角。如歌德所言，「理論是灰色的，而生命之樹常青」。在準確預判諸多新興公司發展態勢結果的基礎上，我想把潛意識中更多的東西顯性化、體系化、結構化。

今天的所謂商業理論，我將其分為兩類：第一類是以理性為核心的，比如戰略、行銷、商業模式、公司金融，還有我們整本書所談的增長，高度理性地看問題，甚至理性到冷血，就如投資大師巴菲特所言，「不看CEO，只看護城河」；另一類商業理論是以人性為核心的，比如領導力、組織、管理。二者有切入路徑的差異。

在《戰略的歷程》（Strategy Safari: A Guided Tour Through The Wilds of Strategic Management）一書中，管理學人明茲伯格（Henry Mintzberg）曾把戰略劃分為十大學派，來注解戰略的「戰略」，相當精彩。但如果做減法，其實這些學派可以歸為三谷宏治所言的兩類。日本波士頓諮詢公司前合夥人三谷宏治說，用一句話概括幾十年的戰略歷史，那

就是1960年到1980年之間是定位學派（以麥可‧波特為代表，不是里斯〔Al Ries〕和特勞特〔Jack Trout〕那個層面的「定位〔positioning〕」）占主導名聲，而1980年後是能力學派（比如傑恩‧巴尼〔Jay B. Barney〕）占優勢。這個概括簡潔至極，定位學派的觀點是「外部環境決定了企業的盈利性」，而能力學派則認為「企業內生能力才是取得競爭優勢的關鍵」。我經常調侃說，這種爭論與西方哲學歷史上歐洲大陸的「唯理論」和英國代表的「經驗論」的衝突一樣，爭論到現今，亦無統一。

　　三谷宏治把兩派之爭比喻為「大泰勒主義」與「大梅奧主義」的戰爭，前者講究理性和定量，而後者注重人際關係和領導力。前者誕生了著名的安索夫矩陣、SWOT、五力分析、PEST（政治、經濟、社會文化、技術變遷）分析模型等理論，後者以管理學中人際關係學派的鼻祖喬治‧梅奧（George Elton Mayo）為代表人物，亦包括寫了《追求卓越》的湯姆‧彼得斯。彼得斯總是試圖用激情去解放理性，而麥可‧波特非常反感地回擊道：

「這根本不是戰略應該討論的問題。」

有個困境是，今天「戰略」（或是「策略」）已經成為商業世界中最危險和尷尬的詞語。為什麼呢？因為雖然這個詞語在企業家的議事本以及公司會議中被反復提及，但是我們如果注意這個詞語的實際使用內容和場景，就會發現其極為混亂——公司所有的東西都喜歡打著「戰略」的旗號，卻往往達不到戰略性的結果，這即是概念空幻化。

更多被熟知的商業基本理念，本身甚至有邏輯錯誤，比如說「領導和管理分離」，並認為領導力高於管理。明茲伯格在其《寫給管理者的睡前故事》中調侃道：「所謂領導者做正確的事，管理者正確地做事，聽起來貌似有道理。但是等你努力去做正確的事，而不是正確地做事的時候，你就會知道遠不是那麼回事。」

同樣有邏輯錯誤的還有「核心競爭力」。我將「核心競爭力」這種概念歸為這一類東西——模糊的表達、辯證的解釋。這些所謂的「理論」，我們深入分析下去，就會發現它們什麼都不是。1990

年，普拉哈拉德（C. K. Prahalad）和哈默爾（Gary Hamel）在《哈佛商業評論》上發表了《公司的核心競爭力》一文，提出企業核心競爭力的概念，指出「核心競爭力是在一個組織內部經過整合了的知識和技能」。但是核心競爭力觀點的致命局限是「事後諸葛亮」。在《麥肯錫季刊》發表的《亦真亦幻的核心競爭力》一文中，凱文・科因（Kevin P. Coyne）等研究者指出：「很難準確界定真正的核心競爭力，我們通常是用馬後炮的方式來識別它。也就是說，我們先有實際經歷，然後僅僅通過實踐中的成敗描述來界定核心競爭力。」更致命的死穴在於該概念的「迴圈解釋性」，比如，什麼是核心競爭力—企業競爭力中那些最基本的、能使整個企業保持長期穩定的競爭優勢、獲得穩定超額利潤的競爭力就是企業的核心競爭力，那麼企業為什麼有競爭優勢—因為企業有核心競爭力。這是邏輯學裡典型的循環論證錯誤。

　　這當中還包括所謂的「客戶／顧客中心說」，這一說法簡直是一團迷霧，但是只要回歸到市場學

圖 公司的四種市場導向（喬治‧戴伊）

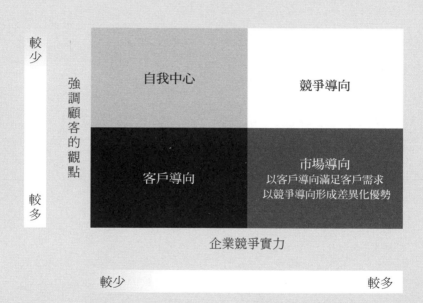

的原理當中，又尤其清晰。不少所謂專家在中國市場鼓吹「純粹客戶中心說」，其實是違背基礎的市場學原理的。市場學中最核心的理念是市場導向，即「市場導向＝客戶導向＋競爭導向」，單獨強調一方面都是盲人摸象。美國市場行銷協會（AMA）前任主席、華頓商學院行銷學教授喬治・戴伊（George S. Day）提出，所謂公司市場導向的問題，其實從客戶維度以及競爭維度，可以形成四種組合，它們分別是自我中心、客戶導向、競爭導向，以及客戶導向和競爭導向所融合出來的市場導向。

　　更關鍵的是每種導向針對的情境是什麼。比如競爭導向，它比較適合成熟的、集中性的企業，這種企業所在市場飽和、技術成熟，整個市場擴張已經完成，市場增長主要來自競爭對手的占比。在這種情境下，企業總是在尋求打敗對手的機會。當然它們對顧客亦非常重視，因為顧客是戰勝競爭對手最有力的籌碼。

　　再看客戶導向，它適用於競爭者眾多且分散的完全競爭的行業。在這種市場結構下，所有競爭者

的資金成本差異不大，市場比較容易進入。此時如果將精力花費在與競爭對手的比較上，價值不大，客戶的滿意度和忠誠度比市場占有率更有價值和意義。然而現實是，諸多市場結構往往是兩者—競爭導向和客戶導向的混合，即市場導向。我們以中國的科技廠商華為為例，雖然華為高舉「以客戶為中心」的大旗，但實質在競爭上尤其兇猛，華為市場戰略的本質其實是「市場導向」。因此，看透每種理論背後所隱含的前提假設，對今天的企業界來說彌足珍貴。

　　另一個令人尷尬的困境是，當下商業理論各個模組的分裂造成「只見樹木，不見森林」，企業看不到一個整體的最優解。我記得一次去大陸的家電商「海爾」交流，海爾的決策層問我：到底從哪個視角切入，才能對公司決策進行一個有效的評判？有專家說組織，也有專家說戰略，還有專家說品牌，孰對孰錯？我回復道：「他們可能都對，也可能都錯，差別在於他們切入的角度不一樣。但最關鍵的是，從每個點切入必然需要看到整體性的融合

與配合，否則就是盲人摸象，危害至深。」

2020年，一家超速發展的千億級地產集團—中梁集團的楊劍董事長找到我交流。他把商業架構為「左側系統」和「右側系統」，右側系統構建的核心是企業的組織能力，他試圖把與此相關的所有內容都融進去，包括領導力、組織能力、業務流程、人力資源系統等等，而左側系統則指向企業增長。這家公司開高階主管會議，參會人員按照左側、右側分列兩邊。左側即業務增長側，先提出未來的商業作戰計畫，然後右側系統則在前者基礎上討論如何激發組織活力，為左側服務。左側右側之動態吻合，迅速推動這家公司超速發展。

從海爾到這家超級地產集團的思考，都指向了商業理論需要在實踐中融會貫通。可惜的是，大部分商業實踐與理論之間科目、條款分割嚴重，甚至相互矛盾，於是企業界感知「理論」與「實踐」漸行漸遠。如何基於企業的系統和情境融會貫通，是理論之困。

2019年4月，我在一個管理學家聚集的論壇上

做了一場報告。開場我引用了管理學大師，亦被稱為「偉大的離經叛道者」明茲伯格的一句話。他說：「管理如登山，左邊是管理實踐的懸崖，右邊是管理理論的深淵，稍不小心就掉下去。」用理論把握實踐的分寸感尤其重要，這就要回到情境之中、本質之中，而情境與本質的融合，就是我想在本書中集中落筆的結構。

讀萬卷書，行萬里路，閱企業無數，我始終把自己的角色定位為一個CEO諮詢顧問。好的諮詢顧問並不是彼得·杜拉克所言的「旁觀者」，而是CEO決策的影響者和參與者，真正的諮詢顧問需要跨越理論與實踐之間的鴻溝，這就既需要問題導向，又需要本質思維，還有能推動CEO進行企業變革的膽量與雄心。本書的內容既源於我對大師理論的理解與融會，也植根於我與企業家們互動的實踐貫通。我始終堅信社會心理學家勒溫（Kurt Lewin）的那句名言：「再也沒有什麼比一個好理論更實用了。」但前提是這是「理論」，是「好理論」，在這個基礎上將之與實踐相結合，才能知行合一、體

用合一、道術合一。我不敢說做到最好，但這的確是我在不斷追求的，亦是新一代諮詢顧問的使命。

最後特別感謝支持與鞭策我出版本書的師長與朋友們。首先感謝本書的策劃人王留全先生、余燕龍先生，他們作為中國大陸頂級的商業出版人，全程參與了本書的內容策劃，提出了細節建議，付出良多。感謝商業理論的多位前輩思想者，包括現代行銷學之父菲利浦‧科特勒、「隱形冠軍」理論的提出者西蒙教授、大客戶行銷之父諾埃爾‧凱普教授、北京清華大學經濟管理學院的朱武祥教授、上海交通大學安泰經濟與管理學院前院長王方華教授、中國人民大學商學院院長毛基業教授、中山大學的盧泰宏教授、武漢大學的汪濤教授、復旦大學的蔣青雲教授等為本書撰寫推薦語。更要感謝15年來，諸多世界500強企業、新興公司（包括但不限於騰訊、字節跳動、小米、寶鋼、中航國際、華潤、招商局集團、正中集團、輝瑞等）給予我深入企業調研、擔任諮詢顧問的機會。同時，感謝輔助我修改此書內容的諮詢顧問李阜東以及吳俊傑。

最後，希望本書真的可以帶給企業家們深度思考與實踐啟示，這將是對一個 CEO 諮詢顧問最大的褒獎。

王賽
2021 年 5 月於上海

CHAPTER

開啟
增長結構

理性一手拿著自己的原理，
一手拿著根據那個原理研究出來的實驗，
奔赴自然。

—— 德國古典哲學家 ——

伊曼努爾・康德（Immanuel Kant）

增長的背景和語境

　　這整本書的核心是解剖增長。

　　的確，「如何增長」成為近年來全球企業界最關注的議題。為什麼增長問題，對於企業和企業家而言如此重要？

　　首先，從本質上看，我認為增長是絕大部分企業問題的原點。在為企業家這個群體做諮詢顧問的15年中，我所看到的頂級企業家們，全部具有以問題為導向的思維方式。他們需要解決的問題，其實大部分都可以回歸最核心的兩個字——增長。企業家為什麼要做規劃？核心目標指向增長。為什麼要做組織重組？諸多情況亦是為了增長。為什麼要進行數位化轉型？轉型期望更是增長。嬌生公司前執行總裁拉爾夫・拉森說：「增長就像純淨的氧氣，是解決一切企業問題的入口。」

　　其次，大家今天如此熱衷談論增長，跟這兩年的宏觀經濟發展態勢，以及市場增長的大環境有關。從可見的長期來看，全球範圍內經濟增長趨於放緩。低增長時代的到來，再加上2020年新冠疫情所帶來的全球性經濟衰退，使得企業如何在混沌中保持增長變得撲朔迷離。全球企業所

處宏觀經濟和產業發展的紅利週期，已經成為過去式。即使在新興經濟領域，這種衰退亦開始出現——根據軟銀集團2020年4月13日發佈的財務報告，2019財年軟銀經營預計虧損1.35萬億日元。不僅是軟銀，孫正義在2017年設立的「願景基金」也出現了巨大的財務虧損。在2020年3月初的一次閉門會議中，孫正義直言願景基金投資的88家公司中至少有15家將會破產。這支以積極投資新興經濟著稱的基金遭遇極大的風險，其投資的諸多獨角獸變成「毒角獸」。孫正義的發言已經顯示出，獨角獸企業在發展過程中獲得的單純的用戶增長，已經滿足不了資本方的需求，獨角獸要變現止血。

　　2020年5月10日，已經90歲高齡的現代市場行銷學之父科特勒在一場跨洋直播對話中表示：「我認為全球經濟不會完全恢復其年增長率。現在情況如此令人沮喪，人們希望在一兩年內一切都恢復正常。順便說一下，恢復正常是不對的，衰退和低增長，我認為可稱為『新常態』。」在那場直播對話中，科特勒給出自身對美國經濟的預測——美國需要4至8年的時間才能恢復充分就業和之前2％的經濟年增長率。

　　科特勒早年在麻省理工學院攻讀經濟學博士，師從美國歷史上第一位諾貝爾經濟學獎得主保羅·薩繆爾森，科特勒建立的市場行銷原理和系統亦是以經濟學作為基石。與理論經濟學不同的是，科特勒的市場行銷學想揭示出經濟學供應和需求兩者背後的真正動力——決定需求曲線背後的變數究竟有哪些，這些變數是如何促進市場的增長的。科特勒在88歲之後重回經濟學領域，開始研究經濟學和市場行銷學之間的關係，讓市場行銷為增長落實鋪路，他私下說這是他晚年最大的使命。在他的影響之下，我認為看待增長無非是從兩個維度——外生變數和內生變數。我在《增長的策略地圖》一書中將其表達為一個公式：

企業增長區＝宏觀經濟增長紅利＋產業增長紅利
＋模式增長紅利＋運營增長紅利

　　在構成企業增長區的四大要素中，前兩大驅動要素開始放緩甚至呈負向，幾乎所有企業的增長重心和注意力都得從外部「經濟增長紅利」轉到企業內部的「企業增長能力」。企業的內生增長能力，已成為平庸公司和偉大企業

的分水嶺和斷層線，它能推導出浪潮過後誰在裸泳。

什麼是真正的增長

　　正如哲學家海德格所言，「語言是存在者的家」。對一個問題的定義，尤其重要。當我們把視野放到增長，尤其放到企業內生增長的維度，對於定義什麼是真正的增長，區分「好增長」和「壞增長」就變得尤為重要。

　　這個問題的思考方式，我是從一本講戰略的經典圖書《好戰略，壞戰略》中學到的。這本書的作者、著名的戰略大師理查德・魯梅爾特每到一個企業調研，會先問CEO和其他高階主管：「你的公司有戰略嗎？」90％以上的高階主管會毫不猶豫地回答：

　　「有！我們公司怎麼可能沒有戰略呢？」然後理查・魯梅爾特會追問道：「那貴公司的戰略是好戰略還是壞戰略呢？」這個問題讓CEO和高階主管們開始冒冷汗：「是啊，我們的檔案、口號、標語等，是好戰略嗎？甚至是戰略嗎？」所以，魯梅爾特說，每位企業家都不否認自己有

戰略，但是他們的戰略不一定是好的戰略。沿用魯梅爾特的思考方式，很多企業家可能都不否認自己對增長有一定的見解，但未必是指向好的增長。

　　比如企業規模變得越來越大，是不是增長？進入越來越多的產業，是不是增長？2020年初，大陸兩家超級巨型企業給我們上了一課——一家是海航，另一家是方正。2020年2月29日下午，海航集團發佈消息稱，為有效化解風險，維護各方利益，海南省人民政府牽頭會同相關部門派出專業人員共同成立「海南省海航集團聯合工作組」，全面協助海航集團推進風險處置工作，海航被中國政府接管。時光倒轉，2017年6月，海航已故前任董事長王健生前曾公開表示，海航挑戰世界100強乃至10強公司的關鍵時刻已到來。王健給海航定的「小目標」是，按照每年44％的速度增長，20年後達到兩萬億元人民幣的年營收。而另一方面的現實景象是，在2017年11月，大規模併購下的海航長短期債務就達到6375億元，雖然彼時海航已經名列世界500強第170位，但是其大規模的舉債、惡化的經營以及現金流困境，早已使其面臨死亡威脅。2018年，海航旗下7家上市公司停牌，資金流問題暴露，陳峰接任

董事長，其後一直想收縮業務控制危機，但最終依然逃不過被接管的命運。

另一家出問題的公司是方正集團。2020年9月，體量規模高達3000億元人民幣的北大方正集團正式進入重整程序，旗下18支公司債券已處於實質違約。北大方正通過多元化兼併擴張實現增長，但是規模背後的利潤率並未同步上升，在資金鏈斷裂後無力回天。所以，過去中國大陸企業單純以規模看增長的方式，有失偏頗。

在2020年新冠疫情持續暴發期間，我們看到諸多企業的增長基石如此不堪一擊。日本戰略諮詢之父大前研一曾說，一家企業的能力反映在「對看不見的未來的風險對沖」和「對看得見的未來的布局」。的確，在這次疫情之下，我們看到提前布局數位化的一批企業逆勢增長，比如創業三年、以數位化客戶營運為增長核心的「完美日記」一躍成為大陸市場上的新國貨美妝黑馬，2020年11月19日晚其母公司「逸仙電商」正式掛牌美國紐交所，市值達到122億美元；而另一些傳統美妝品牌卻因疫情之下零售管道關閉的衝擊，公司估值跌掉七成。之所以有巨大反差，核心原因就在於大前研一所言的「風險對沖」和「未來的

布局」。完美日記在發展過程中建立的是可持續交易的「客戶資產」——2019年電商天貓的報告顯示，完美日記全網粉絲超過2000萬，是中國「00後」（意指2000年後出的人群）粉絲占比第二名的國貨品牌，且粉絲量僅次於華為。而大多數傳統美妝品牌過去二十年把增長點放在零售通路的建設上，在疫情黑天鵝爆發的今天，不具備尼古拉斯・塔勒伯（即寫下《黑天鵝》一書的風險學家）所提出的「反脆弱性」——對隨時可能出現的黑天鵝事件的終極自保守則。因此，我一直認為，好的增長不應僅停留在宏觀戰略和願景上，更重要的是從微觀層面形成一種有效的必然結構，在不確定性中看到確定性，讓戰略「拆得開、落得下」，讓行銷「上得去、拉得開」。這就如同美國政府總統顧問智囊、著名戰略理論家，亦是中美建交的關鍵人物布里津斯基在1997年所提出的「大棋局」。

在《大棋局》一書中，布里津斯基分析了歐洲、俄國、中亞和東亞四個關鍵區域未來可能對美國利益的影響、政治形勢變化的可能性，以及美國政府面對該變化的應有動態對策。在布里津斯基看來，棋局就好比是外在變數和內部能力博弈中的政策演化路徑，每一顆棋子的落

位，背後都有棋譜，都有演化的軌跡和應對的方案。

借用布里津斯基的思考維度，增長設計的境界可否如同「大棋局」一般，讓企業家和業務決策人知曉整體業務如何布局，棋子如何落位——圍繞具體業務的變化，如何形成不同的增長態勢，最終讓增長落實—從而讓他們能夠看到全域與變化、本質與關鍵演化節點？

從這個角度出發，我曾構建出一個系統性的、讓好的增長落實的方法，叫「增長五線」，分別是撤退線、成長底線、增長線、爆發線和天際線，這是我上本書《增長的策略地圖》的核心內容。「增長五線」理論建立在我過去十五年擔任CEO諮詢顧問的實踐土壤上，2019年，我在各大媒體開設專欄，用增長五線剖析當時剛上市的「瑞幸」以及聲名鵲起的OYO、WeWork等公司，一年過後，剖析的結果幾乎全部被驗證。我在當時提出，這些新興公司背後，存在一種「致命結構」：比如OYO針對加盟酒店的轉換壁壘沒有建立起來，又缺少流量入口，成長底線脆弱；比如WeWork宣稱要成為全球線下版的亞馬遜，但從本質上看，「協同辦公」並不指向必然的互聯網連接，也不指向必然篩選到更好的專案投資，這個邏輯是值得挑戰的，

屬於在天際線上不斷講故事，但是增長線彼時並沒有爬上去。

提出增長結構

　　如何從不確定性中尋求某種確定性的判斷，答案就是我想進一步提出的「增長結構」——試圖找出博弈中趨向必然的那個要素組合。比如我們經常提到戰略，戰略規劃中諸多因素的組合僅僅代表了企業家或者決策者的想法，但這些想法並非指向一種必然性。而經濟學中研究的博弈論不同，博弈論當中最經典的博弈叫作「囚徒困境」。員警抓了兩個共犯，分開審問，給出條件：如果他們都不坦白，則無罪釋放；同時坦白，就各判五年監禁；如果僅一人坦白，沒坦白的人判十年監禁，坦白的人不判。結果兩個犯人都偏向於坦白。但當重複博弈時，結果就會發生變化，犯人可能在多次博弈中吸取教訓，轉而偏向合作，兩人都不坦白。博弈論的英文是game theory，討論的是遊戲賽局，而中文翻譯對應的則是在棋局中該怎麼來對弈，它

與所謂戰略規劃不同，因為它趨向的是不確定中的確定，趨向必然解。

趨向必然解的，是結構。於是我首先對「增長結構」下一個定義。所謂增長結構，指的是企業業務增長中微觀要素組合所形成的趨向增長的必然解。戰略規劃中談及的使命、願景固然不錯，但如何讓這些宏觀視野與激情化成動態演算法，是很多企業家面臨的難題，也是企業在商業實踐中碰到的一個個鮮活的真問題，我試圖探索這個問題。

2020年我多次拜訪小米集團，與小米的聯合創始人兼戰略長王川進行交流。小米是一家現象級的公司，10年時間，小米從新興公司發展到躋身《財星》世界500強。進入這樣一個全球樣本級的榜單，騰訊用時14年，阿里用時18年，京東用時18年，華為用時23年，小米則用了不到9年的時間，成了中國互聯網以及科技企業中上榜最快的企業。與王川的交流，除了對商業模式、品牌與組織的探討外，我們其實都提及小米在重要戰略時刻的「取勢」，也即雷軍（小米的CEO）早年提出的「增長風口」。

但是如何判斷風口，它是不是也可以結構化，其內在

是否也具備某種意義的必然性呢？我之後一直在琢磨這個
問題。通過圖1-1，我們可以看企業的機會點在哪兒，以
及解釋何謂風口。我認為：

市場機會＝基礎設施遷移的機會＋客戶遷移的機
會，後兩個維度決定了市場機會的大小與市場增
長戰略的布局重心。

當客戶遷移和基礎設施遷移都比較大，這個機會就
叫作增長風口，比如Google、百度對於傳統資訊檢索的替
代，阿里巴巴對原有商業模式的更新，UC流覽器吃下的
是從PC（個人電腦）轉向智慧手機的視窗紅利。而當基礎
設施遷移比較大，但並沒有大量的消費者去遷移，這個機
會叫作增長風口。它可以帶來商業機會，但是機會只建立
在部分目標人群上。

比如社交品牌「陌陌」抓住中國大陸年青一代的交
友機會，但客戶遷移性遠低於微信。當客戶遷移比較大，
基礎設施遷移比較小，就是品牌機會，比如元氣森林、鐘
薛高等企業的成功就是抓住了品牌機會，即科技底層設施

圖1-1 增長的外部機會判別矩陣

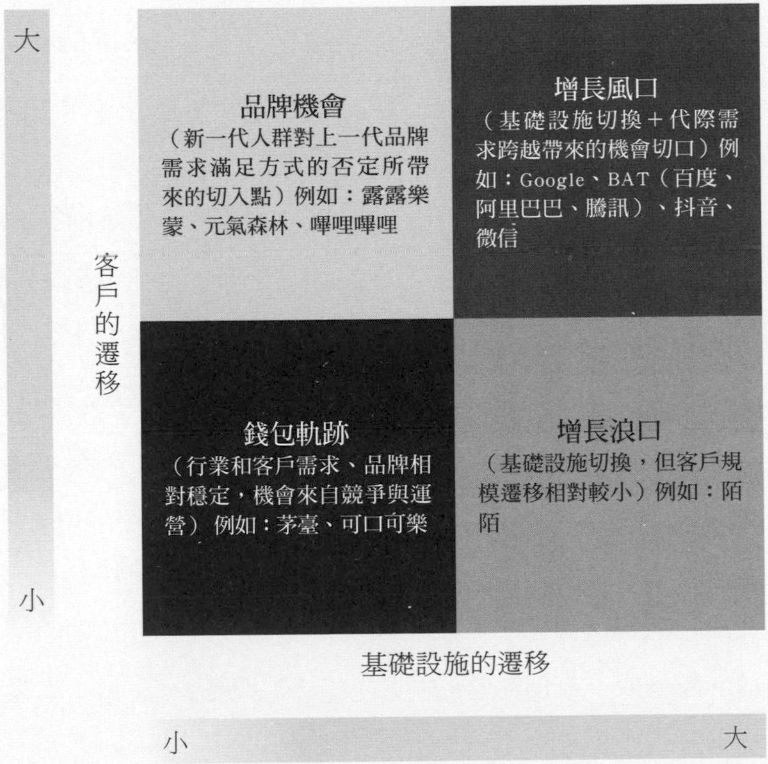

大

品牌機會
（新一代人群對上一代品牌需求滿足方式的否定所帶來的切入點）例如：露露樂蒙、元氣森林、嗶哩嗶哩

增長風口
（基礎設施切換＋代際需求跨越帶來的機會切口）例如：Google、BAT（百度、阿里巴巴、騰訊）、抖音、微信

客戶的遷移

錢包軌跡
（行業和客戶需求、品牌相對穩定，機會來自競爭與運營）例如：茅臺、可口可樂

增長浪口
（基礎設施切換，但客戶規模遷移相對較小）例如：陌陌

小

基礎設施的遷移

小　　　　　　　　　　　　　大

的改變不大，但是每五年一代人的代際變化、價值觀的變化、生活形態的變化造成的消費者遷移，會給新品牌巨大機會。最後一個象限（錢包軌跡）中客戶遷移比較小，基礎設施遷移也比較小，這個象限中的企業實則是在搶同一客戶的需求，重點關注的是同業競爭。所以企業增長可以在不同象限下布局，形成組合，但重要的是，企業需知曉每一個象限下牽引增長的關鍵點是迥然不同的。

　　系統、理論只有圍繞問題切入和展開，才具備實踐性，這也是明茲伯格所言的管理的「手藝」。本書以「結構」為中心來對增長進行解剖，從更微觀的視角看影響到企業增長的動態因素是哪些，在不同條件下企業應該如何去調整自身的要素組合結構，從而在不確定性中去建立確定的意義。本書提出的「增長結構」由七大子結構組成，我試圖用內在邏輯去牽引這七大子結構，解釋清楚我開篇提出的問題：到底哪些因素驅動企業的增長？這七大子結構一起構成了一個完整的「增長結構」圖譜，而上一本書提出的「增長五線」僅為增長結構的一部分。

　　第一個子結構是「增長五線」，它極度理性地反映出企業在業務層面的增長設計。我亦將其稱為起始的「業務

結構」，它包括撤退線、成長底線、增長線、爆發線以及天際線，它的核心是剖析企業業務如何進行最佳組合。從這個視角能夠看出一家企業在業務布局上的「攻守道」。比如華為2020年對撤退線的設計——以1000億元的價格賣掉榮耀（手機品牌），既是斷臂求生，也是對於增長戰略下業務結構的理性判斷。在外部市場不利，局面短期又不可逆轉的情況下，華為剝離榮耀，一方面讓榮耀可以不受美國科技禁令的限制，另一方面可以獲得巨大的現金流，支撐華為未來晶片的研究。值得一提的是，這並不是華為第一次在撤退線布局，早些年，華為旗下的華為電氣和華為海洋也都分別被出售給艾默生和亨通光電。從某種意義上講，華為這些撤退線的設計也是在鞏固自身的底線業務。華為目前的業務可分為四大領域——營運商業務、企業業務、消費者業務和雲服務，這四大業務領域形成了華為的增長線，且相互協同、共同發展，拼接成華為生態戰略布局版圖，以尋求業務爆發線與突破業務的天際線。

　　正如科特勒對我說的，所有的增長背後必然有客戶，否則增長的設計會變成無源之水、無本之木。這也是諸多公司求增長卻無法增長的癥結——並沒有把增長的設計建

立在堅實的客戶基礎之上，於是這些增長的設計變成了冒進的多元化。

　　因此，第二個子結構是「客戶結構」，企業的擴張，背後必然有客戶需求、客戶資產作為支撐，它包括客戶需求、客戶組合和客戶資產，客戶結構指的是如何進行上述三要素的有效組合，從而給企業提供增長潛能。這是騰訊、阿里巴巴、字節跳動等公司獲得指數級發展的根基。騰訊從即時通訊軟體OICQ起家，一直發展到今天擁有十幾億的用戶量，一路高速發展的背後就是基於以客戶資產為核心的增長路徑——以QQ帳號為核心，向周邊產品擴展，包括QQ空間、遊戲、廣告等，最終成就了今天以微信為核心的社交商業帝國。騰訊海量的客戶資源不僅支撐了自身的高速發展，同時還為合作夥伴賦能，它投資的電商「拼多多」的發展就是典型例子。客戶結構的設計可以檢驗出增長的有效性——也就是其是否建立在客戶需求之上，客戶組合是否合理，以及客戶資產有沒有恰如其分地被啟動。

　　但是當我們把視野放在客戶結構的時候，必然會面臨競爭，與競爭對手進行同一客戶群的爭奪，這就需要我們

將關注點挪到第三個子結構———「競爭結構」上，也即從科特勒的視野過渡到麥可‧波特的理論精髓上。優越的競爭能力可以幫助企業穩定住自己的客戶源和利潤區，而有效的利潤才能支撐公司穩健增長。缺乏競爭力，企業極容易形成一個怪圈——不斷服務客戶，但是自身在競爭中利潤無幾。我經常提一個案例，我擔任CEO顧問的某家保險金融公司通過「攜程」這個旅遊平台出售航空意外險，然而拿到的利潤幾乎為零——因為在整個競爭結構中，該公司並沒有定價權。在這裡，我們對競爭結構的定義是「如何有效建立自身在行業生態中的定價權能力與壁壘高度」。

一旦公司業務形成某種意義上的壁壘，比如競爭對手進入壁壘高、客戶退出壁壘高，那業務自然就會在服務客戶的過程中形成正向迴圈，這也是巴菲特所言的「滾雪球」——企業在這個層面的增長，就好比滾雪球時面臨「很長的坡」和「很濕的雪」，雪球從坡上滾下，越滾越大。在2020年新冠疫情之下，大陸的白酒品牌「茅臺」市值卻逆勢增長，高達兩萬億元人民幣，這與其品牌形成的競爭壁壘息息相關，所以競爭結構也可以指向增長。

　　可是，在用競爭的方式設計增長的過程中，很多企業短期可能無法建立壁壘。在這種情況下，企業該如何布局呢？這就使得下一個增長的子結構——「差異化結構」必然被提出。差異化一直是行銷和戰略的核心，這裡「差異化結構」指的是驅動企業市場增長的差異化要素的有效組合，以形成不同於競爭對手的增長引擎，它包括資源的差異化、模式的差異化以及認知的差異化。比如大陸飲料商「元氣森林」就是一個通過認知差異化戰略獲得成功的典範。元氣森林2020年全年營收接近30億元人民幣，創造了在疫情期間逆勢增長的奇蹟奇。元氣森林的主打產品蘇打氣泡水把傳統代糖飲料中的阿斯巴甜、安賽蜜等換成了赤蘚糖醇，在健康的前提下提升了口感，這才抓住了當下健康飲食流行趨勢中消費者對「零蔗糖、零脂、零卡」的需求，一舉獲得成功。

　　同時，競爭中還會出現一批身處差異化中卻並不避開行業領導者與其他對手，並勇於進攻對手壁壘的野心勃勃的企業家，他們可以進入另一個增長子結構——「不對稱結構」。不對稱結構即尋找競爭對手競爭優勢中的必然薄弱點，力出一孔，實現在特定細分市場上的彎道超車式增

長。2003年，eBay在全球攻城掠地，同時進入中國市場，可是淘寶最終把eBay擊敗，原因在於馬雲非常具備洞察性地看到對eBay的進攻點。當時eBay的模式是向進駐的商家收取攤位費以及在買賣雙方的交易中提成，淘寶卻反其道而行之，宣佈實施三年免費戰略，即三年內不向商家收取服務費，迅速獲取客戶，使得本來進駐eBay的商家迅速轉向淘寶。eBay當時的窘境在於，一旦跟進淘寶的打法，給交易中的商家免費，那麼eBay的收入會急劇下降，影響其在資本市場的市值，而這對當時的eBay來說是更大的損失，也是其不想看到的結果。不對稱結構的精髓在於，當你進攻時，行業領導者無法或難以回擊。

　　當然，商業不同於戰爭，獲得盈利性的增長尤其關鍵，否則就走入了當年柯達的死局——成為行業領導者，卻被顛覆性力量拋出市場。所以競爭中不只有「競」，亦有「合」。這就不得不論及今天數位生態下無法避開的一個問題——「合作結構」如何設計。合作結構指的是企業在競爭中應該在何種情境下以合作方式尋求增長。微軟在從PC互聯網向移動互聯網轉變的大勢中未能及時變革，相繼被對手谷歌和蘋果超越。微軟的第三任CEO薩提亞‧納

德拉上任後，著手進行微軟向雲生態的轉型，提出「賦力全球每一人、每一組織，成就不凡」的戰略理念。微軟不再將Windows和Office捆綁，而是將Office作為一種開源的軟體開放給其他系統，同時推動Office365的雲端服務化。在不到一年的時間裡，Office的企業活躍用戶就突破1.2億。靠著成功的雲生態轉型，2019年年初微軟的市值突破了1萬億美元，取代蘋果重回世界上市值最高的公司之位。

　　而最後一個結構，會成為增長所指向的最終標準——是否有價值，比如客戶價值、公司價值、市值等，此即「價值結構」。我之所以提出這個子結構，正是由於價值可以作為增長是否有效的顯性判斷標準。市場經濟中諸多場合會提及「價值」，但是對於何謂「價值」，往往缺乏深入解剖與原理定義。「價值結構」指的是驅動公司增長的價值層級組合，包括客戶價值、財務價值、公司價值。電動車「特斯拉」的掌舵人馬斯克就是設計價值結構的高手。特斯拉精確瞄準目標客群的客戶價值需求，為具有較強支付能力的高淨值人群中愛好科技、喜歡時尚、注重環保的人設計了代表未來趨勢的出行載具——新能源電

動車，追求極致的「技術、酷以及環保」。特斯拉也注重
客戶終身價值的打造，為客戶提供免費充電、終身免費升
級以及8年的電池保障等服務，在滿足客戶需求的同時進
一步提升了客戶對品牌的忠誠度以及再次購買的可能性。
同時，特斯拉還關注公司在財務和資本市場上的表現，在
2018年轉虧為盈之後，其通過積極布局海外市場，如在中
國上海、德國柏林興建超級工廠，讓整個資本市場對其未
來發展空間有了更為廣闊的想像力。從客戶價值到財務價
值，最後回饋到市值上的結果就是，特斯拉成為2020年納
斯達克綜合指數成分股中漲幅最大的股票，2020年12月其
市值已經突破5000億美元，比大眾、本田、通用三大汽車
廠加起來的總市值還高。雖然特斯拉的市值到底是否過高
還存在爭議，但不可否認的是，其價值創造的模式對公司
增長有著強大驅動力。

　　這七大子結構，形成一個閉環（見圖1-2），如同一
盤棋局，它關注增長戰略形成的情境，更試圖觸及增長戰
略背後的本質。我想努力寫出的，不是一個下棋著數，而
是整盤增長棋局背後的「棋譜」。

圖1-2 增長結構的七大子結構

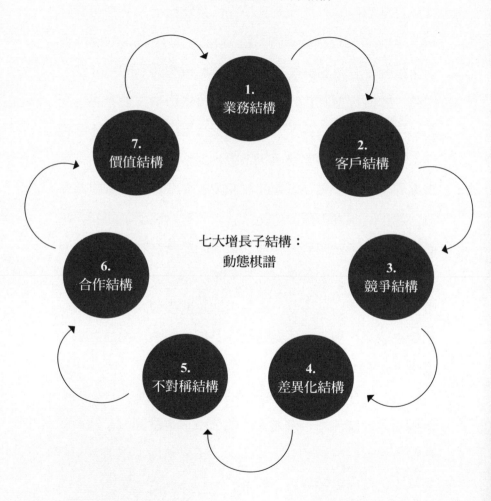

再追問：結構到底是什麼

　　《牛津英語詞典》中這樣定義：「結構（structure），指的是組成整體的各部分的搭配和安排。」結構也指事物自身各種要素之間的相互關聯和相互作用的方式，包括構成事物要素的數量比例、排列次序、結合方式和因發展而引起的變化，它們構成事物的結構。在漢語中，東晉衛夫人在《筆陣圖》中曾經用「結構」教王羲之筆法，「結構圓備如篆法，飄揚灑落如章草」。結構是事物的存在形式，事物不同，其結構也不同。事物的結構主要體現在它的起伏轉折之處，還有事物本身形狀的大動態趨勢。我最早受到「結構」一詞的啟發，是讀到薩繆爾・亨廷頓的書。1993年的夏天，美國《外交》雜誌發表了薩繆爾・亨廷頓的一篇文章《文明的衝突》。此篇文章如重磅炸彈，超過了《外交》雜誌之前半個世紀以來任何一篇文章的影響。亨廷頓在文章中寫道，全球政治未來將會是不同文明集團之間的衝突。後來亨廷頓寫了《文明的衝突與世界秩序的重建》一書，按亨廷頓去世前的回憶，此書本不打算成為一本社會科學著作，而是想對冷戰後全球政治的演變

做出系統解釋，他渴望提出一個對學者有意義、對決策者有價值的框架和範式。亨廷頓「文明的衝突」的提出並非源自拍腦袋，而是建立於其在哈佛大學甘迺迪政府學院講授世界戰略史課程時，用兩千年區域戰爭的地理位置之間的連線畫成的十字架圖像，從而所推導出的判斷之上，而他在書中的諸多判斷，都在21世紀的前20年被驗證。

　　影響到我的結構觀念的還有金觀濤先生。金觀濤、劉青峰兩位學術伉儷曾在20世紀80年代提出「超穩定結構」假說，後著成《興盛與危機：論中國封建社會的超穩定結構》。金觀濤和劉青峰提出，任何社會和組織的穩定性都是建立在內部經濟、政治和意識形態的相互適合和調節關係中，如果不能調節，則結構不趨向穩定，就會在歷史演進中被吞噬。而中國古代封建社會是宗法一體化的結構，由地主經濟、官僚政治和儒家意識形態形成超穩定結構，造成王朝輪回而不斷往復，內生結構具備停滯性和週期性。金觀濤和劉青峰兩位先生晚年回到大陸，在杭州西湖邊開設「南山講座」，我曾經每期都趕赴杭州參加，討論中國思想史。於他們的思維中，我強烈感受到歷史性下「政治—經濟—文化思想」背後變遷的結構必然。

　　提到結構的還有經濟學界的林毅夫先生，林毅夫在原有發展經濟學的基礎上開創「新結構經濟學」。所謂「新結構經濟學」，是應用新古典經濟學的分析方法來研究現代國家經濟增長的本質和其決定因素，即研究在經濟發展中，經濟結構及其演化過程的決定因素。林毅夫提出，一個國家陷入低收入陷阱或中等收入陷阱是由於結構未能有動態變遷。從世界銀行卸任後，他以這套學說指導非洲以及東歐的一些發展中國家，成果斐然。

　　而商業中最早觸及「結構」一詞的是哈佛大學著名的企業史研究大家錢德勒，他的著作《戰略與結構》（Strategy and Structure）就把「結構」放在和「戰略」同等的位階。這本書1962年在麻省理工學院出版社出版，可惜的是，後來很多人認為其思想的精髓是「組織跟隨戰略」。這其實是對錢德勒的誤讀，所以他在1989年的新版中增加了一篇序言，談到他想表達的核心是「結構與戰略相互影響」，「結構的改變會帶來戰略的改變」。

　　清華大學的朱武祥教授具有公司金融研究的背景，後進入商業模式研究領域。他是這樣定義商業模式的——「業務活動系統的構成及利益相關者之間的交易結構」，

所以他把商業模式的描述與剖析變成一種企業的拓撲結構圖。大前研一亦說：「我認為戰略性思考的根本在於，分析貌似渾然一體、被常識的外表掩飾著的現象，以事物的本質為基礎進行剖析，再將各部分包含的意義以對自己最有利的方式組合起來，運用於攻勢的做法。」投資家巴菲特說：「偉大的公司必有護城河，而護城河是一種結構，與CEO無關。」管理諮詢教父、把麥肯錫真正變成諮詢顧問公司的馬文‧鮑爾（Marvin Bower）在20世紀60年代提出其業務的核心是「結構諮詢」，而可惜的是，這種思想的鋒芒現在已被戰略諮詢行業遺忘。

此外，談及結構的還有西方哲學中舉起「結構主義」大旗的列維—斯特勞斯、福柯、阿爾都塞以及拉康。哲學中的結構主 義雖然最早從語言學出發，但是後期也衍生至有關思想元素存在與組合的剖析。西方藝術史上也有「結構」的靈魂，受到塞尚結構觀念和非洲雕刻的影響，1907年畢卡索用名作《亞威農少女》開啟立體主義畫派，創造了印象主義畫派之後的新巔峰。回到商業理論，最後我想說的是，我大談理性結構但並不排斥人和企業家的夢想，只是想嚴格區分這兩者的邊界，正如巴菲特雖說「護城河

比CEO更重要」，但是巴菲特本人並不否認約伯斯這樣的
企業家對於企業的作用。從角色上而言，我具有的是諮詢
顧問思維，也就是極度理性結構，但企業家不一樣，企業
家的思維在理性結構上還應加上「夢想與激情」，所謂的
「夢想與激情」，就是我們常說的企業家精神，它能夠讓
企業家們「做不可能的事」。所以我經常說，馬斯克是統
計學上的邊緣5％，甚至0.001％的企業家。但這叫作超級
小概率事件，不能模仿，更不能複製。正如中國秦末有項
羽「破釜沉舟」的典故，為什麼「破釜沉舟」如此有名？
因為它是小概率事件。所以我經常說，好的諮詢顧問是追求
企業增長結構的必然性，讓事情成為可能，而企業家精神
就是追求做不可能的事，我亦敬仰馬斯克的企業家精神。

　　本書寫作的初心，是把企業增長中的結構連接成一
個系統，並在每個子結構中解剖出具備實踐性的本質。我
給出的答案肯定不是真理，它可以被調整、反覆運算、修
正，它試圖開啟新的眼界，穿透基本假設，落實基礎元
素，激起企業界從現象到本質的思辨。正如日本戰略諮詢
專家清水勝彥所講，有價值的東西，不一定是「記載真理
的東西」，而是「刺激自己思考的東西」。我的初心，是

能夠復原或重建指向「結構主義」的市場增長戰略。我以我無比景仰的德國古典哲學家伊曼努爾·康德的名言來為「理性結構」結尾——「理性一手拿著自己的原理，一手拿著根據那個原理研究出來的實驗，奔赴自然。」

思想摘要

- 頂級企業家，全部具有以問題為導向的思維。他們需要解決的問題，其實大部分都可以回歸到最核心的兩個字——「增長」。
- 當我們把視野從資源放到增長，尤其放到企業的內生增長的維度，對於定義什麼是真正的增長，區分「好增長」和「壞增長」就變得尤為重要。
- 所謂增長結構，指的是企業業務增長中微觀要素組合所形成的趨向增長的必然解。
- 市場機會＝基礎設施遷移的機會＋客戶遷移的機會，後兩個維度決定了市場機會的大小與市場增長戰略的布局重心。當客戶遷移和基礎設施遷移都比較大，這個機會就叫作「增長風口」。

- 增長結構的起始結構是「業務結構」，它指的是企業業務布局的結構，即「增長五線」，包括撤退線、成長底線、增長線、爆發線以及天際線，它的核心是剖析企業業務如何進行最佳組合。

- 第二個結構是「客戶結構」，企業的擴張，背後必然有客戶需求、客戶資產作為支撐，它包括客戶需求、客戶組合和客戶資產。客戶結構指的是如何進行上述三要素的有效組合，從而給企業提供增長潛能。

- 當我們把視野放在客戶結構的時候，必然會面臨競爭，與競爭對手進行同一客戶群的爭奪，這就需要我們關注第三個結構——「競爭結構」。競爭結構指的是如何有效建立自身在行業生態中的定價權能力與壁壘高度。

- 在通過競爭的方式設計增長的過程中，很多企業短期可能無法建立壁壘，這就使得下一個增長結構——「差異化結構」必然被提出。差異化結構指的是驅動企業市場增長的差異化要素的有效組合，以形成不同於競爭對手的增長引擎，它包括資源的差異化、模式的差異化以及認知的差異化。

- 同時，競爭中還會出現一批身處差異化中卻並不避開行業領導者與其他對手，並勇於進攻對手壁壘的野心勃勃的企業家，他們想成就的是下一個棋局——「不對稱結構」。不對稱結構即尋找競爭對手競爭優勢中的必然薄弱點，力出一孔，實現在特定細分市場上的彎道超車式增長。

- 商業不同於戰爭，獲得盈利性的增長尤其關鍵，否則就走入了當年柯達的死局——成為行業領導者，卻被顛覆性力量拋出市場。所以競爭中不只有「競」，亦有「合」—合作。合作結構指的是企業在競爭中應該在何種情境下以合作方式尋求增長。

- 最後一個結構，會成為增長所指向的最終標準——是否有價值，比如客戶價值、公司價值、市值等，此即「價值結構」。價值結構指的是驅動公司增長的價值層級組合，包括客戶價值、財務價值、公司價值。

2

CHAPTER

業務結構

今天的企業面臨著增長的兩重困境。

一是增長停滯或業績暴跌，

二是惡性增長 。

—— 著名CEO諮詢顧問 ——

拉姆‧查蘭（Ram Charan）

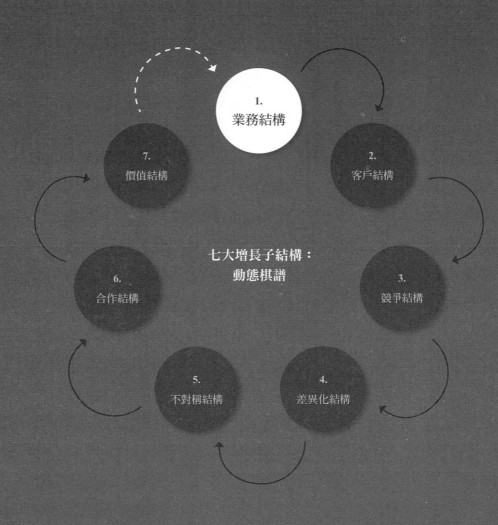

增長結構之業務結構

1.
業務結構

7.
價值結構

2.
客戶結構

七大增長子結構：
動態棋譜

6.
合作結構

3.
競爭結構

5.
不對稱結構

4.
差異化結構

2020年1月31日，知名做空機構「渾水」（Muddy Waters　Research）發布消息稱收到一份做空報告，直指在中國爆紅的快速增長公司「瑞幸咖啡」的財務與營運資料造假，而後瑞幸咖啡承認偽造虛假交易22億元人民幣。2020年5月19日，瑞幸咖啡宣布收到納斯達克交易所關於公司股票退市的書面通知，這標誌著這個一年前還風光無限的增長明星正式跌落神壇。瑞幸咖啡到底出了什麼問題，讓我們先看看它的業務結構。

　　瑞幸咖啡在布局市場伊始，就以「咖啡行業顛覆者」的形象向星巴克發起挑戰。其核心競爭力來源於企業基礎業務——「優質優價，為消費者提供與星巴克同等品質的咖啡，但是價格卻只有星巴克的6成左右」，如果再加上補貼和打折，基本上一杯咖啡的價格只要星巴克定價的1/3甚至1/6。瑞幸希望通過這種差異化的賣點來布局中國這個規模廣大且在迅速發展的消費市場，並成功地在一夜之間獲得了大量的用戶，甚至原來經常喝星巴克的一部分消費者也轉向了瑞幸。自2017年10月第一家門店開張，到2019年底，瑞幸在全中國的營業門市數量已達到4507家。而對比咖啡行業領軍者星巴克，從1999年1月在中國大陸開出

第一家店，截至2018年9月30日，花了近20年的時間，門市數才變成3521家，瑞幸的擴張速度10倍於星巴克，可謂「一騎絕塵」。一時間，「流量池」、「瑞幸模式」、「閃電式擴張」等對瑞幸增長奇蹟的解讀層出不窮。

但所謂的「瑞幸模式」真的是其賴以成長的業務底線嗎？或者說，高速開設門市這種方式就是瑞幸的增長型業務？我認為都不是。2019年5月我發表了《瑞幸的增長死穴》一文，對這一點有過分析：瑞幸這種通過引入資本補貼用戶來獲得增長的遊戲，本質上也只是帶來了用戶增長，因為瑞幸的高補貼並沒有帶來高用戶忠誠度，更沒有為瑞幸帶來利潤。瑞幸在這種模式下每賣出一杯咖啡就虧一杯。而且讓瑞幸騎虎難下的是，一旦停止補貼，大量消費者就轉向其他咖啡品牌或者咖啡替代品。用戶增長不等於業務增長，更不等於利潤區的增長，這種模式下的瑞幸本質上是無利潤增長的。瑞幸也試圖通過布局增長線來解決利潤這個問題，於是我們看到瑞幸開始在咖啡品類外，布局輕食、「BOSS午餐」、果汁、奶茶，甚至文創、服裝……但瑞幸不具備這類商品價格的結構性優勢，同時又缺乏平臺產品的豐饒性，瑞幸以此方式進行業務增長線的

布局注定草草收場。業務底線不牢，業務成長線虛幻，瑞幸後來的遭遇委實在情理之中。

　　然而，直到今天依然有人辯解，瑞幸的模式是對的，只是它有違商業道德，造了假。但在我看來，如果一家企業的業務增長結構本身不成立，那麼為了謀求上市，造假幾乎就是必然的結果。企業不是單靠向投資者講故事就可以成功的。如果脫離商業本質，沒有理性的業務結構，增長注定就是一紙空談。

增長的業務結構

　　切入增長結構，最佳的開啟點是「業務結構」，這是因為業務是連接企業與市場的橋樑，所以增長比較顯性地表現在業務布局上。所謂業務結構，本質上是看哪些業務有效組合支撐住公司的增長。關於業務增長布局的問題，我的上一本書《增長的策略地圖》系統地剖析了這個議題，增長五線的布局，就是在尋求增長過程中對業務結構組合的梳理和重塑。

　　業務布局並非指業務擴張越多越好，我在第一章中亦舉出海航與方正集團作為反例。正如CEO 諮詢顧問雷姆‧夏藍所言：

　　「今天的企業面臨著增長的兩重困境。一是增長停滯或業績暴跌，二是惡性增長。」要解決這個問題，就要回答「什麼是真正的增長」，就必須找到「好增長」與「壞增長」背後的金線：如何布局與進退。

　　從業務規劃的視野，我把企業增長的態勢構建出五根線，稱其為「增長五線」，用以界定出「好增長」和「壞增長」背後的金線。它們分別是撤退線、成長底線、增長線、爆發線和天際線（見圖2-1），這五根線也直接指向企業的業務結構。

　　第一根撤退線，研究的是戰略態勢下企業是否應該撤退，可以怎麼撤退，是對現有業務做減法，追求業務布局的精簡；

　　第二根成長底線，即企業的哪些業務可以與客戶建立持續交易的基礎，持續不斷給企業帶來業務源，講究業務布局的穩健；

　　第三根增長線，是企業應該如何布局增長的全景，揭

圖2-1　增長五線

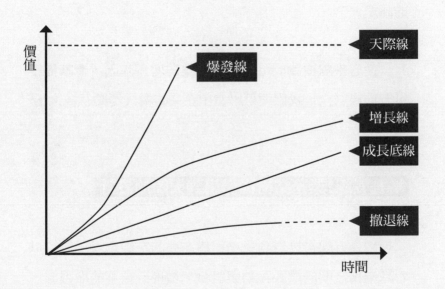

示的是全面的業務布局;

第四根是爆發線,即業務如何迅速爆發,討論的是業務布局的速度;

第五根天際線,即企業能跑多遠,反映的是業務布局的高遠。

從五根線中我們可以看到企業的增長基因,清晰描繪這五根線之後,我們就可以看出企業的增長區間有多大。

增長五線:業務結構從撤退到天際的設計

增長五線可以看到業務結構布局的宏觀全景,更可以看到業務之間的微觀互動與組合。增長五線下的撤退線、成長底線、增長線、爆發線和天際線分別可以指向業務結構精不精、穩不穩、全不全、快不快以及高不高。它們系統刻畫出業務增長的內核、邊界、穩定性和互補性。

增長五線第一線：撤退線

增長五線的第一根線叫作「撤退線」。在中國大陸商業界，很少有人提「撤退」這個概念，傳統戰略理論也很少講撤退，似乎撤退就意味著軟弱、放棄和認輸，甚至任人宰割，就好像幹企業就一定要幹到101年，幹到基業長青，這是不對的。一位瑞士軍事理論家菲米尼說：「一次良好的撤退，應和一次偉大的勝利同樣受到讚賞。」撤退線，即收縮線，講的是企業如何做有價值的撤退。識別出哪些產品或服務可以被取代整合、被放下或被捨棄，是企業經營的年度大事。

我們如果去矽谷，就會看到那裡有一群信奉「海盜精神」的創業者。他們創辦公司，把用戶、利潤區、價值做到一定規模後，就把自己的公司賣給大公司。比如，《從0到1》的作者彼得·提爾，他曾在1998年參與創辦了PayPal（貝寶），並在2002年以15億美元將它賣給eBay；陳士駿把YouTube作價16億美元出售給Google；通訊軟體WhatsApp以190億美元的天價被賣給臉書。這些都是成功的撤退。

企業或其業務要在增長路徑上找到最好的出售點，其

關鍵是在企業生命週期中最有價值的轉捩點撤退。這個轉捩點很重要，最佳轉捩點是公司外部價值認知和內部最優判斷有正向價差的時間區間。換句話講，內部對公司的價值判斷假如是10億元，外部給到了15億元，而內部高階主管也很明確公司未來增長乏力，爆發期將走完，這個時候價差判斷的不一致，就是最佳出售點。在中國，2018年外送平台「餓了麼」被賣給阿里，共享單車「摩拜單車」被賣給美團，在我看來這些都是很好的撤退，一方面創始人得到變現，另一方面原有業務加入新的生態，原有的資源得到了二次啟動。尤其是對比摩拜和ofo，由於業務布局撤退線的設計不同，兩者的創始人結局完全不一樣。

當然，撤退線落實到實踐上，不僅僅是以低價出售公司這麼簡單。我對撤退線的定義是：「企業或業務在增長道路上找到最好的售出、移除和轉進的價值點，在此進行撤退，實現價值的最大化。」

有一種撤退是做減法。在2020年的全球新冠疫情之中，諸多企業要將自己精簡成「一條嗜血的蛇」，再次優化業務結構。2020年2月底，預測完新冠疫情對可口可樂公司2020年第一季度的影響後，其CEO提出再度砍掉旗

下600個僵屍品牌——這些僵屍品牌，大多數只占總銷量的1％，但是由於各種原因，一直在占用公司的資源。所以，優化結構、有效撤退，也是增長的引擎。

撤退線的設計也要考慮公司在最壞的情景下業務怎麼布局。在2019年4月17日華為ICT（資訊通信技術）產業投資組合管理工作彙報會上，任正非講話的標題就是「不懂戰略退卻的人，就不會戰略進攻」。2019年5月14日，美國商務部宣佈將華為及其70家附屬公司列入出口管制「實體名單」。5月17日，華為海思總裁何庭波在一封致員工信中稱，多年前公司做出了「極限生存」的假設，預計有一天，所有美國的先進晶片和技術將不可獲得，華為仍將持續為客戶服務，為了這個曾以為永遠不會發生的假設，海思曾為公司的最終生存打造「備胎」，一夜之間全部轉「正」。「備胎」計畫，既是華為多年來研發創新的結晶，也是應對突發危機的秘密武器，更是華為在撤退線上的布局。這像不像《三體》劉慈欣小說中的「流浪地球」計畫？

我們來看看任正非是怎麼說的。任正非說：「華為堅持做系統、做晶片，是為了『別人斷我們糧』的時候，

有備份系統能用得上。」華為輪值董事長胡厚崑在致員工的一封信中說，「公司在多年前就有所預計，並在研究開發、業務連續性等方面進行了大量投入和充分準備，能夠保障在極端情況下，公司經營不受大的影響」。反向思考增長，學會設計撤退線是布局業務結構的第一條法則，撤退線的設計是要回答業務結構的布局「精不精」。

增長五線第二線：成長底線

　　增長五線的第二根線，我叫它「成長底線」，它也可以說是企業或者業務發展的生命線。這條線有一個極其重要的作用，即保護企業的生死，為企業向其他方面進行業務擴張提供基礎的養分，它對穩固企業業務增長尤其重要，是業務結構中的基石，所以也稱「增長基線」，是業務結構設計中布局的核心之核心。設計成長底線的三個原則是挖掘業務護城河、構建強大的客戶資產和控制住所在行業地位的戰略咽喉。

　　惡性增長的瑞幸上市前一直講述著「中國版星巴克」的故事，但是瑞幸真的懂星巴克嗎？星巴克業務之穩健，如兵法中的「靜水深流」，穩如泰山，其中就有星巴克的

「鎖銷型」成長底線設計的功勞。僅2018年全年，星巴克就銷售了70億美元的禮品卡，占到了星巴克全年銷售額的近27％。換句話講，這項業務可以為星巴克一年1/4的銷量托底。2017年1月，星巴克宣佈其推出的存儲禮品卡和移動應用中所留存的現金已經超過了12億美元。這個留存的現金額超過了絕大多數銀行，占到了美國版的支付寶PayPal留存現金的1/9。這種預付費業務一方面增加了客戶轉換成本，另一方面大額的現金流可以幫助企業建立健康穩定的業務基石，企業還可以用這些沉澱資金來進行其他維度的擴張。這兩項策略設計就是星巴克構建的底線。

　　B2B（企業對企業）企業的成長底線同樣重要。華為從百億元規模突破至千億元規模的階段，採取了一條建立成長底線的關鍵策略——對行業50強關鍵客戶突破。從2005年起，華為開始聚焦於世界前50強的營運商，一家一家去突破。從2005年的英國電信開始，到2012年，華為已經進入了50強中的47家。剩下的三強是誰呢？就是美國的三家世界級營運商。而且對於這三強，並非華為想不想進的問題，而是因為政治原因進不去。這47家客戶是華為在國際化突破中的標竿客戶和成長底線。2021年3月，華為

發佈2020年年度報告，華為實現銷售收入8914億元人民幣，同比增長3.8％，淨利潤646億元人民幣，同比增長3.2％。在中美貿易戰以及全球疫情等「黑天鵝」亂飛的背景下，華為能夠持續增長，取得這樣的業績，與其底層的經營邏輯是分不開的。

　　酒店業獨角獸公司OYO在中國就遭遇了成長底線難以建立的困境。這家孫正義投資的印度公司在進入中國市場之後，極速刷遍了全大陸300個城市，幾乎每3小時就開出一家門店，短時間內布局酒店超過1萬家，占領客房數45萬間；而對比酒店巨頭如家，成立15年，總房間數尚不足25萬。如果僅看客房數，OYO已經成為國內最大的品牌酒店，而耗費的時間僅為15個月。

　　OYO模仿優步的打法，將視野聚焦於低端酒店的整合，要求其接入OYO的系統，包括非標準化的設計、門牌、Wi-Fi服務，同時通過OYO的App以及OTA（線上旅遊）平臺進行客戶導流。所以也有人將其稱為「輕資產加盟模式」，這個「輕」的增長設計至少有三個核心。

　　第一，結構輕。OYO吃的是分散型低端酒店存量改造的紅利，將其需要連鎖賦能的需求挖掘出來，進行輕量

改造，收取源於導流收入的分成，這是一種典型的輕加盟模式。

第二，加入條件輕。目前中國市場上OYO的自營酒店僅為50家，其他全部來自加盟。酒店加盟OYO體系只需要通過簡單的資格審查─擁有30間客房，加盟費、保證金、店員指導費、系統接入費全部免除，OYO甚至倒貼2萬元做裝修改造，每週三次派人指導。

第三，複製成本輕。OYO模式可稱作零門檻複製，可以讓諸多地下賓館立即改番號變成連鎖品牌。OYO加盟店對裝修的投入為800至1600元（人民幣，後同）／間，50間客房的投資在4萬至8萬元，OYO還提供招牌、床巾，加盟酒店的整體改造時間平均為15天。根據其委託管理的模式，OYO收取加盟酒店營業額的3％~8％為管理費，平均為5％。正是由於其低廉的收費和低門檻的改造成本，OYO模式的複製極其簡單、高效且輕易。

不得不說，有時候快即是慢，如果快卻沒有護城河的話，流量池就是漏水池，輕模式設計也為OYO埋下了兩顆地雷。

首先，OYO缺乏具備鎖定效應的護城河。先從B端（

企業面）的鎖定效應看，OYO的加盟期僅為一年，這意味著這些酒店完全可以一年後退出，OYO將風險全部攬入自己旗下。鎖定效應可以發生在B端，更重要的是C端（消費者端），即主要是指消費者的忠誠。消費者的忠誠往往建立在品牌和用戶體驗之上，從這一點來看，這並非OYO的優勢。所以與傳統連鎖酒店很不一樣，OYO甚至可以叫「連而不鎖」，用戶體驗離其他同業競爭者甚遠。

其次，競爭者掌控了戰略咽喉。在主要流量入口OTA企業中，藝龍推出自有酒店品牌OYU，美團則推出輕住，2017年去哪兒布局推出了Q＋酒店品牌（最後選擇撤退），它們採取的其實都是OYO模式。但是，美團、藝龍、去哪兒等有流量和資料作為入口，可以進行導流，而這恰恰是OYO在中國缺失的。更重要的是，美團和攜程對OYO採取了封殺措施，人們一度在這些平臺上搜索不到OYO的酒店，美團甚至要求加盟OYO的酒店摘牌，這意味著OYO的流量被封鎖了。缺乏護城河、沒能掌控行業戰略咽喉的OYO不得不每年向美團支付保底4億元的通道費，向攜程支付2億元通道費，以解流量和入口之困。

但這只是序幕，這兩顆地雷何時真正引爆尚不可知，

它們反映出業務結構設計中成長底線形成的關鍵意義。成
長底線的核心在「守」，在於建立壁壘，然而太多公司缺
乏這根底線，造成業務一擴張就會出問題。成長底線是業
務結構設計的「定海神針」，它的作用是回答企業業務結
構的布局「穩不穩」。

增長五線第三線：增長線

增長五線的第三根線叫作「增長線」。如果說成長底線
的核心在「守」，那麼增長線的要訣就在於如何「攻」，兩
者結合，就是「攻守道」。增長線的設計只有一個目標，
那就是要 明公司業務找到可以面向未來的增長點組合。
所有公司的高層會議核心課題之一就是找「增長點」，但
是未必會形成一張「增長地圖」，這是設計增長路徑時最
致命的一點。

什麼是增長地圖？我把它定義為「企業從現有資源和
能力出發，所能找到的一切業務增長點的總和，窮盡所有
增長可能，並且設計出這些路徑之間的相互邏輯關係」。
然而現實是，絕大部分公司都只有單個增長點的設想和布
局，極少擁有一張增長地圖。

　　2018年1月，優步的CEO達拉·科斯羅薩西（Dara Khosrowshahi）表示，優步的下一個戰略目標是成為全世界最大的外賣公司。為什麼會選擇這樣的增長方向？因為這幾年優步的網約車業務發展得並不是很順利，但是有一個叫Uber Eats的業務發展迅速，消費者可以用優步來點餐，優步能利用自己的交通系統快速把外賣送給消費者。截至2017年底，在米蘭、馬德里和格勒布諾爾等城市，Uber Eats 的業務營收已經高於優步的打車業務。達拉給優步提出的增長方向，我們且不去評判對錯，我想邀請大家一起思考的問題是，優步還有哪些增長路徑呢？是不是只有這一條增長路徑？

　　無獨有偶，同樣的問題也出現在中國企業身上，2017年我被餓了麼高階主管邀請參與討論公司增長，餓了麼也提出要尋找公司的增長路徑，這跟優步當時面臨的問題是一模一樣的。我們做了一個思維實驗，用案例模擬的手法來畫餓了麼的增長地圖，以給大家一個範例。你想想看，餓了麼要做增長，有哪些路徑可以實施？

　　當時有人建議，餓了麼要實施「定位戰略」，通過定位占領消費者的心智，配合大規模的線上線下廣告，

把市場占比提升起來。也有人說應該深耕管道，在消費者聚集的地方，模仿當年攜程的做法，在終端拓客。還有人建議更換品牌代言人，在終端重塑一個新的餓了麼品牌形象……各種意見非常多。在會議的最後，我說，你們說的都有實現的可能性，但是這些方法又都非常碎片化，企業的增長應該形成一張增長地圖。

所謂增長地圖，就是要窮盡企業所有可能增長的方向，且設計出這些路徑之間的相互邏輯關係。當按照增長地圖實施分解方案時，企業高層可以清楚地知道在哪個要點上進行投入。而當一條路徑上的增長效果已經出現遞減趨勢，或者有競爭對手開始模仿時，企業就可以選擇切換到另一條路徑。增長地圖就相當於一份棋譜，企業可以選擇合適的時機，進行路徑切換。只有這樣，所有的增長策略才能「視覺化」，企業的增長路徑才能形成一張正確的增長地圖。

當時，我和我的諮詢助手們構建出這樣一張增長地圖，如下頁圖2-2所示。

圖2-2 餓了麼增長地圖（諮詢討論輸出稿）

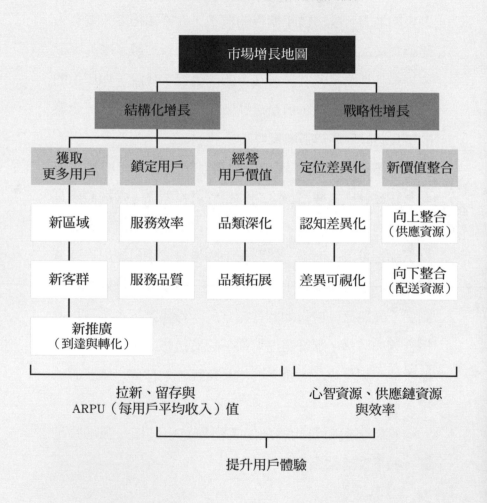

在這張增長地圖上，左邊叫結構化增長，右邊叫戰略性增長。結構化的增長就是通過分拆指標，倒推這種做法可以帶來增長，而戰略性增長相當於採取一個化學變化的方式，換新武器去拉動增長。戰略性增長的結果在先前是不可被量化的，但是一旦決策正確，會給企業帶來具備長遠意義的增長。

結構化增長的核心可以分解成三項要素，它們分別是「獲取更多用戶」、「鎖定用戶」以及「經營用戶價值」，這三項之間是存在邏輯關係的。有一些企業把增長重點聚焦在「獲取更多用戶」，在這個錨點下，就要進一步確定，是占領新區域，還是拓展新客群。以網路外賣O2O（線上到線下）市場為例，企業可以通過後臺資料去分析使用者畫像，如中國哪些區域已被覆蓋，空白市場在什麼地方？如果一線市場已經被覆蓋，那麼是否可能將市場下沉去獲得更多客戶？所以我們看到美團進入外賣O2O市場後，就不斷把市場下沉，三、四線城市的用戶數量迅速增長，就是受益於抓住了市場空白點。企業還可以通過不同的細分手段來獲得新的客群。通過大數據使用者畫像，我們可以看到餓了麼早期的主流客戶是在校大學生，後來

圖2-3　餓了麼增長地圖—獲取更多用戶

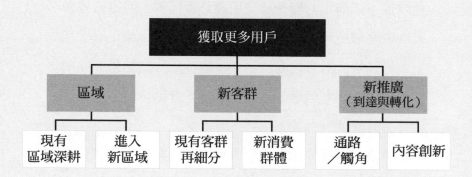

逐漸開始轉向公司白領。在這種市場情境的轉變下，對於新的細分客戶群，需要採取的產品、管道策略肯定不同，這些策略的調整能幫助公司「獲取更多用戶」（見圖2-3）。「獲取更多用戶」也可以採取新的推廣手段，從原來的線下媒體投放到利用社交媒體的裂變關係增長。騰訊和眾安保險就有這樣一個合作，它們用大數據找到線上上買眾安保險的用戶，並通過用戶線上上的社交關係，把產品和服務精準推送至周邊具有同等偏好的用戶，用社交鏈獲取用戶，實現裂變。

　　結構化增長的另一條增長路徑是深度鎖定使用者。一般情況下，企業的增長伴隨著更多用戶的獲取，但是很多公司一邊在獲取新用戶，一邊在不斷流失老用戶。所以鎖定用戶尤其重要，這就是設立成長底線中反復提到的要與客戶建立持續交易的基礎。餓了麼如果選擇從這條增長路徑出發，就應該研究到底是哪些要素造成了用戶流失，有沒有很好的策略去鎖定用戶，提高用戶的轉換成本。基於此，餓了麼開始實施「超級用戶策略」。

　　還有一條增長路徑是經營使用者價值。這裡的價值指的是顧客終身價值。顧客終身價值是每個消費者在未來可能為企業帶來的收益總和。如果從這條增長路徑出發，餓了麼可以把增長策略定義在滲透用戶的錢包占比上，比如，以前某個細分客戶群在餓了麼的消費支出是每週100元，現在我們可以把增長點的突破放在如何把消費支出從100元提升到150元。在這條路徑下，餓了麼又可以延伸出很多支撐性的增長路徑，比如大數據的行銷會使產品更精準地匹配用戶的需求，比如把原有的外賣產品進行品類擴張，通過原有的物流配送系統嫁接到更多的服務，即從外賣食品延伸到外賣下午茶、藥品、日常生活用品等領域。

後來我們看到，餓了麼和美團都實施了這個增長路徑精準化策略。每個增長路徑下，其實都會不斷細分出更多增長點。

那戰略性增長是什麼？戰略性增長主要包括差異化的定位增長和新價值整合增長。比如，提升品牌對消費者的吸引力，可稱為認知型差異化定位增長，主要是通過廣告投入把市場的　需求激發出來，改變品牌認知，以此獲得增長；戰略性增長還可以做價值鏈的整合，即新價值整合增長，包括向上整合、向下整合。當我們將這些增長要素進行整合，它們可以構成一個整體的增長模型，全部指向GMV（成交總額）及整體銷售額的提升。

大家可以看到，當我們把企業的每一條增長路徑，以及每一條增長路徑下的支撐路徑、增長點設計出來後，企業業務增長線的所有集合就形成了，企業的增長地圖也就形成了。

這張增長地圖有什麼好處呢？首先，並不是所有的增長路徑CEO都會去用，但是擁有這張增長地圖，企業的整體作戰地圖會非常清晰完整。今天，商業環境的高度不確定性與競爭的互動化，意味著企業每打出一張牌，競爭對

手會迅速回擊。企業自身、競爭對手、客戶需求這三者之間高度互動，要求企業家手上的底牌全景化、互動化，這也是增長地圖和戰略規劃最大的一個區別，以市場戰略為核心的增長地圖，更講究作戰的整體邏輯，有競爭互動，有客戶價值的增長。

其次，增長地圖能夠幫助企業管理層以全景化的視角發現市場增長的路徑，根據外部變數的變化，選擇能夠達成增長願景的多條路徑。一旦原有的增長點由於大環境和競爭對手的變化而失效，公司可以迅速切換到新的增長路徑，這個增長線布局是動態的、全景式的。

當然，增長線中也可能有壞的增長線設計。

據招股說明書披露，瑞幸在上市前，每天虧損400萬元，所以它其實面臨著增長線如何設計、如何實現盈利的問題。如今瑞幸雖然已退市，但畢竟還有許多門店在經營，缺少資本輸血後，瑞幸的盈利問題將更為緊迫。我們看到，瑞幸在咖啡品類外，布局了輕食、BOSS午餐等，但這些業務真能帶來利潤增長嗎？

若瑞幸只是將這些產品作為咖啡的補充品出售，就如星巴克咖啡店裡面那些和咖啡無關的產品一樣，那麼這

種增長設計叫作「湊局」而非「棋局」，不具備翻盤的可能—補充品而已，能賣得過咖啡？若瑞幸想做的是「大局」，真心實意打算從咖啡業務擴張到圍繞客戶展開美食全業務，就會出現這樣一個場景—競爭對手無數。先不算線下辦公大樓附近的7-11等便利店的競爭，就拿線上來說，瑞幸如何能比餓了麼、美團更有優勢？後兩者可是平臺，有無數種美食可供選擇，並且還在補貼！更致命的一點是，餓了麼、美團擁有自己堅實的物流團隊，瑞幸美食新業務如果再補貼物流，那其價格優勢在哪兒呢？所以說，好的增長線設計可以讓企業在市場中猶如出入無人之境，而壞的增長線設計則讓企業陷入四處樹敵的境地。瑞幸的成長底線不牢、增長線不佳，為了從資本市場吸血續命而造假就成為一種必然。

　　所以，開始設計增長地圖的企業，首先要能守住底線，否則擴張後，一旦競爭對手殺入你的核心利潤區，你抽身都來不及。而在底線穩固後，增長地圖一旦形成，就相當於你手上不是握有一張牌（增長點），而是擁有一副牌可以打，你的競爭對手將難以趕上你的布局節奏。增長地圖幫助企業在布局業務增長時形成全景圖，在不確定的

競爭環境中做到有效進退與變化。增長線在回答業務結構的布局「全不全」。

增長五線第四線：爆發線

　　業務結構布局中增長五線的第四根線即「爆發線」。爆發線的必要基因首先是數位化，企業如果沒有按下自己的數位化按鈕，在今天來說，是不可能去想像可以爆發的。我曾經讓助手列出近一百年成立的市值過千億美元的公司，一個驚人的發現是，1987年之後創立的公司，如果沒有數位化的基因，不可能達到千億美元的市值，比如1995年創立的亞馬遜，1998年創立的Google，1999年創立的阿里巴巴，2004年創立的臉書，這些千億美元市值的企業，無一例外都擁有數位化基因。

　　數位時代的顛覆性對於諸多企業而言會體現在以下幾方面。

　　第一，在數位版圖上，各國企業的實力存在重構的機會。

　　目前數位時代的競爭中，只剩下兩個核心市場：中國和美國，我將它們稱為數位G2。在哈佛商學院論壇會議上

的美國企業家，談及零售行業的數位化轉型，引用最多的例子就是中國的O2O、快捷支付，甚至哈佛商學院的副院長也在學習使用微信，這些是20年前，甚至10年前難以想像的情況。在數位時代，中國企業遇到了最好的機遇。

第二，跨界顛覆與指數級發展的機會。

目前的企業其實可以分為：增長黑洞型、幾何增長型、指數增長型。比如，餓了麼這家公司2009年才成立，2016年日交易額突破2億元人民幣。數位時代最大的特點在於指數級發展，跨界顛覆不斷興起，優步估值一度超過了700億美元，這是一個什麼概念？要知道福特和通用汽車市值最高的時候也不過600億美元，等於優步只花三年時間，就做到了比兩家創立100年的企業還要成功。這種指數級發展的特質在於銷售額與市場占比的增長是跳躍的，但是成本是水準增長，甚至是減少的。同樣在酒店行業，愛彼迎（Airbnb）於2020年12月登錄納斯達克，市值超過800億美元，而萬豪和喜達屋合併後的市值都遠遠不及其1/4。

第三，重新定義企業的機會。

傳統的劃分方式已經過時了，如果我們今天去定義一

家創新公司究竟從事的是什麼行業，其實已經非常困難。這裡我提出另一種劃分方式。在數位化浪潮下，未來只有三種企業。第一種我將其稱為「原生型數位公司」，典型的就是Google、亞馬遜、臉書這類公司。這類公司自誕生起，就具有互聯網形態，就有資料積累，未來就可以依據大數據積累往人工智慧進化。第二種我將其稱為「再生型數位公司」，這類公司包括蘋果、共用單車、小米。這些公司的特點在於本來從事的是傳統業務，但是創始人將其互聯網化、數位化，使得這些公司具有後天的數位化特點，當然這些公司的估值比同行業的傳統企業高十倍，甚至百倍。最後一類叫作傳統公司，它們數位化程度不高，或者短時間內也無意通過數位化對自身業務進行改造。

但是數位化基因只能作為爆發線設計的充分條件。爆發線能否有效跑出，更關鍵的因素在於企業是否掌握了設計業務爆發線的能力。我把爆發線的設計邏輯表達為「風口＋創新＋快＋社交瘋傳」。

以「小紅書」這個品牌為例，其崛起首先是趕上了「新中產」的風口，新中產階層開始追求境外旅遊和境外優質商品，但資訊的缺乏使他們在國外購物時遇到諸多困

難。小紅書從這一問題切入，打造「海淘顧問」形象，通過「演算法＋社交」的創新方式殺入市場，為用戶提供境外購物攻略，解決了「去哪買、什麼值得買」的購物痛點，給用戶帶來了方便。拼多多的風口勢能在於把社交與電商融合，從阿里和騰訊這兩家互聯網超級巨頭的競爭力看，一方占領了電商，一方雄踞在社交，而拼多多創新性地找到了把這兩個元素融合在一起的模式。

　　爆發性增長中，資本的加持尤為重要，這在外賣之戰、共用出行之戰、共用單車之戰，以及各個細分行業龍頭的爆發性崛起上都表現得尤為明顯。所謂爆發，就是不要均衡分佈力量，要在短週期內集中打擊要點，一次性地將市場燒到沸騰，按兵法來說這叫作「一戰而勝」。當年的滴滴和快滴之戰就是一個「羅拉快跑」的過程，雙方利用資本的助推快速點燃了這個新興市場。在出行補貼大戰中，雙方耗資超過20億元人民幣，而反觀當時另一支勁旅「易到用車」，由於在補貼大戰中的遲疑，不得不在第一陣營中出局，後來易到創始人周航在私下場合反復反思此局戰敗的要因—面對一天簽出千萬元乃至上億元的補貼費用，猶豫不決，錯過戰機。

　　所有企業爆發線的設計，都要考慮傳播爆發線的特質，那就是「社交瘋傳」，即如何把你的產品或者資訊如病毒一樣傳播開來，無論是滴滴、小紅書還是抖音、拼多多，其爆發的背後都有產品、品牌資訊瘋傳、裂變的功勞。雖然不是所有的企業都具備設計爆發線的基礎，但是對爆發線中若干武器的吸取，也足夠助力你的企業以加速度發展。爆發線在回答業務結構的布局「快不快」。

增長五線第五線：天際線

　　增長五線的第五根線即「天際線」。所謂天際線，即企業增長的天花板。一個能不斷突破自身和行業天際線的企業，也就能夠不斷突破企業價值的地心引力。

　　本質上講，天際線是指企業在基因、模式、資源給定的基礎上能跑多遠。曾有一陣子網上熱議「騰訊有沒有夢想」，從增長理論來講，一個企業的發展，起點是產品，產品先立得住，才能形成產品經濟，就像騰訊當年做QQ得以立足。但企業要繼續增長，接下來就得依託規模經濟、範圍經濟、網路經濟和生態經濟。生態經濟會觸及企業的天際線，天際線下企業將資源用槓桿的方式做到極

限。所以，不是騰訊沒有夢想，是許多人僅以產品經理的視角去看一個戰略家的布局而已。

設計天際線時要學會「重新想像」。所謂重新想像，就是要先能從認知上擊破企業的天花板。優步早年在融資的時候，最開始的估值只有59億美元，這個估值是基於全球企業汽車服務市場和優步的市場占比及市場潛力給出的，而風險投資家比爾・柯爾利給出的價格是250億美元，這背後是基於「共享經濟」理念，定義優步為可以不斷延伸和衍生的出行服務商，以這種方式來預期，那麼整個市場規模就在4500億至13000億美元。「共享經濟」的提出，就是對優步估值進行測量的「認知革命」。

對公司業務本質的不同定義，造成了公司不同的價值，好的增長邏輯所勾勒出來的業務定義可以讓企業的價值擊破天際線。就像美團四處出擊，看不到邊界的時候，王興重新定義了美團業務新的本質—美團的未來是「服務領域的亞馬遜」，王興把美團的增長錨放到了亞馬遜和淘寶上。他說：「亞馬遜和淘寶，是實物電商平臺，而美團的未來是服務電商平臺。」

當然，不是所有的公司都能有設計「天際線」的機

會，因為能有這個想法的企業本身就是很優秀甚至卓越的企業，是通過市場競爭檢驗，甚至在某個市場領域做到壟斷規模的企業，只是它們需要不斷突破，不斷追求卓越。

與底線、增長線以及爆發線的設計不一樣，想要跨越天際線的公司和企業家必須有情懷和夢想，如果說戰略是「做正確的事」，管理是「正確地做事」，那麼企業家精神就是「做不可能的事」。想要跨越天際線，必須要回歸到企業家精神，敢於做「不可能的事」，這才是跨越天際線的正確姿勢。天際線在回答業務結構的布局「高不高」。

從業務結構看WeWork的增長困境

增長五線討論的是業務結構的布局，如果沒有理性業務結構的支撐，企業增長的虛假泡沫總會破滅，市夢率反而會變成噩夢率，2020年市值大跌的WeWork是最典型的例證。

2010年，WeWork在紐約創立。早期的WeWork在新建的開發區、翻新或蕭條的街區開設辦公點。WeWork

在這些地段中以低於市場價10％左右的折扣價租用1~2層樓面，之後將樓面設計裝修成風格時尚、可定制且社交功能齊全的空間，以高於同業的價格租給各種創業公司——租戶只要繳納350~650美元，就可在WeWork租下一個辦公室，並享用它提供的辦公輔助設施（會議室、咖啡、活動等）。從客戶角度來看，WeWork面對的客戶規模是1~500人，並且它承諾客戶不需要任何前期投入，這為初創企業提供了一個無門檻辦公室。在被創始人和孫正義定義成一個辦公領域的優步後，又一個現象級的共享經濟商業模式出現。

模式成立必有獨特價值支撐，這就是亞歷山大·奧斯特瓦德所提到的價值定位。WeWork構建的價值核心就是讓小型企業辦公租賃的效率化、品質化與空間成本之間進行重新組合：在便宜的地區租賃辦公空間，進行二次設計改造，把以前大的辦公室切割成小型單位、工位元來出租，而把原有的辦公設施，比如影印機、會議室、咖啡間、報告廳進行共用，讓這些過去存在閒置的辦公物品使用效率最大化，同時在價值點上深化社區內的企業社交、合作，甚至是投資。從落到實處的盈利模式來看，We-

Work目前設計的盈利區包括租金差價（提高商業辦公樓的使用率）、日常服務費（餐茶場租服務外包返點等）、投融資變現，額外有補貼，包括孵化器補貼和廠房改造補貼。在這種模式下，WeWork在「數位經濟共用概念＋投資人追捧」的情況下一騎絕塵，形成爆發式的擴張，上市前募資超過120億美元，8年間迅速在全球擴張，2017年收入8.86億美元，2018年收入18.2億美元，2019年上半年收入突破15億美元，在全球29個國家或地區擁有528個營運場地，52萬企業會員。

　　2019年8月，WeWork向美國證券交易委員會提交IPO（首次公開募股）招股書，彼時它被市場譽為一家現象級的新興獨角獸公司，估值高達470億美元。而在那之後，WeWork的估值一路暴跌，從470億美元開始，跌到250億美元、170億美元，最後在2019年10月6日撤回IPO的計畫。摩根士丹利美國股票策略師邁克‧威爾遜評論道，WeWork的IPO失敗標誌著一個時代的結束，這場對於所謂新興公司估值虛高的擠兌即將開始。

　　雖然WeWork折戟IPO著實讓人震驚，但是這種擠兌其實並不在預期之外。在招股說明書中，WeWork將自己定

義為「新興成長公司」，但是冷峻的市場質疑直接讓其估值反復打折，其背後是市場對其公司價值的懷疑。對We-Work質疑的核心就在於─這是一家地產服務公司，還是真正的新興成長公司？WeWork到底是何種性質的公司，這個問題即天際線中的「公司定義」，它是增長天際線設計的核心。企業要用一句話回答清楚和證明「我的業務本質是什麼」，價值縱深的想像空間和支撐證據都直接影響到公司估值。WeWork對自己業務的第一個定義就是「共享經濟」，WeWork把自己的業務描述成辦公領域、地產服務領域的共用企業，共享經濟模式似乎是WeWork所有企業畫像中的第一標籤。那麼，究竟什麼是共用？更重要的是，如果說共用有深淺之分，WeWork是深度共享經濟，還是淺層的共享經濟？

　　本質上講，共享經濟的核心是可以通過閒置的資產來賺錢，如果並非閒置資產，那這種共用實際上要麼是協同消費，要麼是分時租賃，這就是摩拜、ofo被很多人質疑為「偽共享經濟」的原因，因為它並非啟動了既有的閒置資產，而是提供新的供給物。協同消費式的共用，使得WeWork和愛彼迎存在本質的不同。如果非要拉到共享經

濟上，只能說WeWork是淺層的共享經濟，從共用上釋放出的價值並不顯著，共用程度之淺，與合租房並無本質區別。

那麼，WeWork是一家新興成長公司嗎？從屬性來看，判斷一個企業是否為新興公司必然回到幾個核心問題：第一，它有沒有技術壁壘？第二，它有沒有互聯網作為本質因數？第三，它有沒有新的具有突破性的商業模式？三者起碼要有一項，我們才能看到新興公司的影子。

新興企業要指向效率與規模，這背後有一條金線，就是互聯網的深化和改造程度，而這的確在WeWork目前的商業模式中看不到蹤跡。模式上看不到，盈利點上有沒有創新的蹤跡呢？從WeWork招股說明書披露的資料來看，WeWork的業績貢獻還是來源於52萬個會員和60萬個工位，2018年近20億美元的營收中非租賃業務僅收入1000萬美元上下，占比約0.05％。其盈利點在目前和未來都逃不出「二房東」模式。所以WeWork本質上就是一個傳統企業。

從業務結構的維度來看，如果說WeWork不斷追求爆發線，以爆發線去推動天際線的攀高成為其獲取增長的

方式，但背後傳統企業的本質似乎並未改變。因此，其爆發線背後的資本推動邏輯，就值得推敲。我一直說，虧損不是新興企業的病，但是背後的虧損邏輯有可能是病。We-Work流血式擴張背後的彈藥，是2016年孫正義發起的1000億美元的願景基金。願景基金採取all in（全力下注）模式，提出砸出賽道為先，先讓公司站到領導者的位置，再開始採取利潤收割模式。招股說明書披露，WeWork的虧損資料近三年分別是4.30億美元、9.33億美元和19.27億美元，這種擴張中的預付租金、推廣費用都是其虧損構成部分。但是從輕資產公司的邏輯來講，這種虧損是可以控制的，如果說虧損的核心在於跑馬圈地，圈完之後具體深化做什麼，目前仍舊模糊。

　　而所謂正確的虧損，本質上背後有兩個重要邏輯。第一個邏輯是基礎傳統企業模式的擴張虧損，這背後就有「波士頓經驗曲線」市場操盤的影子，通過擴大規模，規模經濟和學習曲線讓成本降低，降低後再擴大規模，形成一個正向飛輪讓成本優勢最大化凸顯，把競爭對手堵在門外，20世紀70年代美國市場大量傳統企業通過這個模式進行擴張。而另一個邏輯是互聯網數位企業的虧損擴張邏

輯，燒錢獲得使用者，形成網路效應和護城河，挖掘用戶終身價值來獲得最後的盈利。WeWork背後的虧損邏輯到底是哪一種，極大程度上決定其現有的增長模式和公司價值。而對於WeWork而言，上述兩種邏輯似乎都與其模式不吻合。

於是我們再來看WeWork的增長線。在原有業務「爆發線＋天際線」形成不了有效增長邏輯的情況下，WeWork自然開始想到開闢新的增長點—如設立新業務WeLive、WeGrow。從WeLive布局的業務形態看，其核心內容是提供小型公寓、健身房和配套休閒空間；而WeGrow是BIG工作室與WeWork合作的一所低齡兒童學校，接收3~9歲的兒童。但是問題在於，這些擴張既沒有從核心出發，也沒有與原有WeWork業務形成關聯。

從其招股說明書披露的業務規模來看，WeLive和WeGrow這兩項業務規模幾乎不值得一提。WeWork主營業務孵化出空間定制業務Powered by we，其SaaS（軟體即服務）服務模式也未能有效支撐其增長區間。於是WeWork又在印度進行新增長點的測試。與之前「租賃閒置空間—改造升級—分散租賃」的模式不同，在印度市場，We-

Work和房地產公司Embassy　Group進行聯合，Embassy拿出空間讓WeWork進行付費改造，WeWork提供品牌、設計、軟體、全球會員費用以及培訓。然而這種增長亦未在短期內形成規模。再一種即以投資孵化器為增長點，We-Work喊出來很久，但是其邏輯其實也值得推敲：首先，這種定位會對入駐企業的要求更高（這樣根本不需要跑馬圈如此之多的土地）；其次，投資模式不會讓現金流穩定，更重要的是，無法確定提供聯合辦公就比專業的投資機構等具有更高的資本勝算率。

增長線下的WeWork，顯得方向模糊不明，於是我們可以將視角轉向其成長底線。不同於臉書，WeWork的線下連接並不具備網路效應，更談不上所謂壁壘。由於客戶小以及流動性強，租賃服務的壁壘遠遠低於原有的商業地產公司，所以WeWork近兩年在不斷增加定制化業務供給給大型公司（但是如果按照這個趨勢，共用的價值和意義也在降低，演變成定制化租賃服務）。WeWork的拓客模式中有一條即用戶補貼，但是背後能沉澱的忠誠度有多少，值得測量，而更重要的是，如何對這些客戶資產進行深挖，形成廣而新的利潤區。另外一種壁壘是競爭性壁

壘，WeWork目前的模式形成不了對競爭對手的阻隔，這就是中國、東南亞、印度乃至歐美市場跳出一大堆複製者的緣故，一旦辦公樓供給過剩，或經濟下調，價格戰難以避免。

在增長線模糊、成長底線亦未形成的情勢下，We-Work的估值在不斷打折，而今又得面臨全球新冠疫情之下非接觸經濟對共享經濟的衝擊。2020年4月，WeWork披露其半年裁員2400人，雖然新冠疫情下同業競爭對手Knotel和Industrious也如此，但WeWork似乎更糟糕，之前爆發線背後的成本結構讓其「流血更多」。新任首席財務官金伯利‧羅斯（Kimberly Ross）表示：「我們的企業經營都需要更加自律，要迅速退出不相關的業務布局。」很顯然，We-Work終於開始考慮撤退線，去思考業務布局的精簡。

用增長五線來總結一下WeWork的困境：天際線不斷攀升的過程中並沒有找到可支撐點；爆發線背後的資本投入亦沒有找到閉環邏輯；增長線模糊，有限的增長點並沒有得到市場的規模性驗證；成長底線並不牢固，缺乏壁壘，在競爭市場中容易遭受侵入；撤退線上亦未做到布局精簡。從本質上看，WeWork的上市擱淺以及估值泡沫破

滅是一個結構上的必然。

　　2017年WeWork的創始人亞當・諾伊曼（Adam Neumann） 曾說，WeWork今天的估值和規模更多是基於我們的精神和奮鬥力，而不是基於收入的翻倍增長。此話彰顯出企業家的夢想。但商業單靠情懷是難以成功的，因此更重要的是理性結構下的增長布局。孫正義的原話是「瘋狂總比聰明好」，他給WeWork創造的願景就是「世界上第一家實體社交網路」，這種觀點也被諾伊曼在多次公開演講中提及。諾伊曼將WeWork的空間租賃比作亞馬遜賣書—在賽道建立好後，亞馬遜不斷擴張，成就了今天萬億美元市值的超級公司。但是，WeWork和亞馬遜根本不是同一個增長結構，我們並沒有看到WeWork作為新興企業的互聯網深化基因。

　　WeWork的IPO折戟，可能是諸多被資本追逐的現象級企業擠泡沫的開始，也是企業構建自身理性增長結構、投資機構理性估值的新起點。目前，WeWork的模式過於簡單，其在業務增長線和天際線之間，在地產服務公司和新興科技公司之間，尚未搭建出一座可行路徑的「天空之橋」，這也給新興企業一個重要的教訓—設計增長結構與

技術創新、商機發現同等重要。

用增長五線設計業務結構的意義

　　最後我們來看看增長五線對於業務結構的意義。在增長五線之前，對業務增長戰略剖析更多的模型來自麥肯錫的三層面增長理論（現金流業務、增長型業務、種子業務）、查理斯·漢迪的第二曲線以及貝恩諮詢的「從核心擴張」等。與上述理論視角不同的是，增長五線更注重各大業務之間的吻合與互動，增長五線的提出就是在尋求增長過程中對業務結構組合的梳理 和重塑。

　　這種重塑首先表現在微觀組合的變化上。如表2-1所示，基於增長五線的不同組合，業務結構可以形成不同的企業增長態勢，比如囚徒困境者、本末倒置者、增長乏力者、好高騖遠者、多元困局者和格局受限者。

　　第一種，囚徒困境者。這種公司的表現是在增長五線上都無所作為，現有業務進入增長黑洞，也沒有與其他公司合併的撤退價值，在成長底線上，形成不了自己持續交

易的基礎，業務增長沒有方向。

第二種，本末倒置者。典型的特質是過量開發新業務，只要看到增長線就去捕捉，甚至制定無法企及的戰略目標，把戰略遠景和戰略目標等同，好大喜功，但是忽視對核心業務的維護，無法為驅動增長提供資金支援，基礎業務上沒有護城河，這種公司最大的危險在於資金鏈斷裂。

第三種，增長乏力者。這種公司有一定的業務基礎，可能也形成了自己固有的一批客戶群，但是在激烈的競爭環境中形成不了自己的壁壘，或者護城河後的利潤區並不大，受困於核心業務不夠強或者基礎薄弱，未來增長機會有限。

第四種，好高騖遠者。即在前三條線都缺乏設計的情況下，一心想抓住風口，去做業務爆發線甚至是天際線。的確，有些踩到風口的企業可以實現爆發，但是由於缺乏堅實的底線，其爆發的成果難以持續。

第五種，多元困境者。這種公司的業務護城河還沒有穩定，不斷在增長線上投入，哪兒有機會就向哪兒擴張，但是這些業務之間缺乏連接的基礎。

最後一種是卓越領袖者。這種公司在增長五線上都有

布局，有增長基石，有增長地圖，也有在這基礎上實現飛躍的爆發因數。

另外，五根線之間的切換真正反映出戰略增長節奏的重要性，反映出企業業務增長中的變化與調整。日本一橋大學國際企業戰略研究院教授楠木建有一本戰略經典書叫作《戰略就是講故事》。楠木建在書中說，故事不是行動表，不是法則，不是最佳實踐，不是模擬，也不是遊戲。從企業成長底線一直到天際線的邏輯，以及增長路徑的設計，可以讓企業家把願景變成增長故事，這個故事還可以是一個動態的、指向終極價值追求的「電影劇本」，這也是2019年之後諸多新興公司和頂級投資機構應用增長五線的回饋。《孫子兵法・軍爭篇》提到「風林火山」—「其疾如風，其徐如林，侵掠如火，不動如山」。這個兵法的布局精髓其實正是增長五線所追求的境界：讓攻守有道，能穩如泰山，可潛龍在淵，亦能飛龍在天。局全部布好，並根據外部變化而變化應對，這才是數位時代的增長。

本章的最後，讓我們重新回到好增長的「業務結構」：有企業可進可退的「撤退線」設計（揭示業務結構「精不精」），有奠定公司發展基礎的「成長底線」規劃（揭示

表2-1　各種企業增長態勢的增長五線佈局

	撤退線	成長底線	增長線	爆發線	天際線
囚徒困局者	X	X	X	X	X
本末倒置者	X	X	V	V	V
增長乏力者	V	X	X	X	X
好高騖遠者	X	X	X	V	V
多元困境者	X	X	V	X	V
卓越領袖者	V	V	V	V	V

業務結構「穩不穩」），是未來所有擴張路徑集合的「增長線」的呈現（揭示業務結構「全不全」），是可能一夜獲得指數級發展的「爆發線」構想（揭示業務結構「快不快」），也是跨越卓越之牆的「天際線」的正確姿勢（揭示業務結構「高不高」）。這是把孫子兵法講的「先勝後戰」和「一戰而勝」融會貫通，但中國古代智慧更多是一種洞見和修行，西方理論把這些還原成一種理性結構。

這一章是增長結構第一局棋—業務結構的布法，謀全域者，方可謀一域。業務結構只是增長的開始，支撐業務可行性的基礎是其背後的客戶，沒有客戶的業務如同「無源之水」。所以下一章，我們進入第二大增長結構—客戶結構。

思想摘要

- 企業增長的態勢構建出五根線，稱為「增長五線」，用以界定出好增長和壞增長背後的金線。它們分別是撤退線、成長底線、增長線、爆發線和天際線。
- 撤退線指企業或業務在增長道路上找到的最好的售出、移除和轉進的價值點，在此進行撤退，可實現價值的最大化。
- 成長底線也可以說是公司或者業務發展的生命線。這條線上的業務創造不一定能給企業帶來高額的利潤或者巨大的銷售收入，但是起碼有一個極其重要的作用，那就是保護企業基礎業務的生死，為企業向其他方面進行業務擴張提供基礎的養分，所以也

稱為「增長基線」。

- 增長線是企業從現有資源和能力出發，所能找到的一切業務增長點的總和，窮盡所有增長可能，並且設計出這些路徑之間的相互邏輯關係。然而現實是，絕大部分公司都只有單個增長點的設想和布局，極少擁有一張增長地圖。

- 爆發線的設計邏輯可表達為「風口＋創新＋快＋社交瘋傳」，是企業指數級發展的曲線。

- 天際線，即企業增長的天花板和極致所在。一個能不斷突破自身和行業天際線的企業，也就能夠不斷突破企業價值的地心引力。

3

CHAPTER

客戶結構

增長是市場行銷的新定義的指向，
但是增長的背後必須有客戶作為支撐。

—— 現代市場行銷學之父 ——
科特勒（Philip Kotler）

增長結構之客戶結構

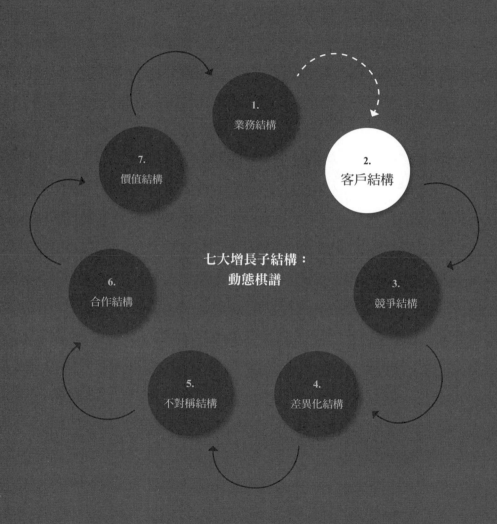

　　20世紀80年代，郭思達（Roberto C. Goizueta） 接任可口可樂的新任董事長。他上任後走訪市場，發現對於可口可樂的發展，高階主管們可分為兩派。第一派是驕傲自豪派，認為可口可樂在全球的占有率已經達到了35.9％，世界第一，遠遠超過了百事。而另一派是悲觀彷徨派，認為雖然可口可樂保持了市場占比第一，但是已經看不到高速成長的空間，已經到了天花板，股票應該被拋售了。

　　深思之後，郭思達把這些經理人叫在一起開了一個會議，這個會議上誕生了被稱為商業史上最經典的一次演講。郭思達說：「我上任兩個星期，訪談了很多經理人。我發現我們內部的經理人分了兩大陣營，一大陣營驕傲自豪，另一大陣營悲觀彷徨，都是基於市場占比35.9％這個資料。但是，我告訴你們，這個客觀的數值，完全錯誤。」坐在下面的經理人正感到困惑，郭思達接著說：「據我觀察，每個人平均一天要消耗64盎司水，這裡面可口可樂僅僅占2盎司。雖然我們的市場占比達到了35.9％，但是我們占消費者胃裡的占比僅僅為3.12％，從消費者的胃去擴張，未來機會無限，去占領吧！」換句話說，可口可樂還可以通過什麼方式來滿足消費者「攝入液體」的需求？基

於此，可口可樂的業務市場被拓展了無可限量的前景，增長之道開始從可樂進入純淨水、咖啡、茶飲料、運動飲料等業務領域，這個時期也成了可口可樂增長最快的時期之一，這就是以客戶為導向的市場增長。

從業務結構到客戶結構

上一章談到了企業業務增長的結構設計，而正如彼得・杜拉克在《21世紀的管理挑戰》中所言，「如果說增長布局是企業目的或者結果，其中推動增長業績變數的關鍵則是客戶」。很多CEO提到企業的宗旨是贏利或者股東價值最大化，但是這可能淪為一句空話，因為這句話當中缺失了贏利的源頭—客戶。亦如我經常引用的杜拉克的這句話——「最健康的增長不僅是客戶的增長，而且是企業在客戶錢包占比中的增長。」在今天這個數位化時代，圍繞「客戶」來進行增長的公司越來越多，騰訊、小米、字節跳動，它們業務的增長線都建立在客戶之上，而不是簡單的新產品或新業務的疊加。

　　缺失客戶的支撐，增長的業務設計就會從規劃變成「鬼話」，無法落實，這是大多數公司在執行戰略規劃時所碰到的窘境。當然，顧客或者客戶從來都是制定戰略或者市場行銷策略時必然討論的問題，可是遺憾的是，大多數企業的討論視角都從市場消費者行為切入，缺乏一個宏觀與微觀之間的平衡視角。因此，我希望從客戶增長的角度刻畫一個結構。這裡先對客戶結構做一個定義。所謂客戶結構，指的是企業在客戶層面能夠持續推動公司業務增長的要素組合，它包括客戶的交易動因是什麼（客戶需求）、合理的客戶構成層級是什麼（客戶組合）以及依據客戶還可以做哪些增長衍生（客戶資產）。

　　增長應該回歸到客戶，這才是評判企業是否有價值的本源，諮詢顧問雷姆‧夏藍認為基於客戶所實現的增長可稱為「良性增長」。那什麼叫作基於客戶來實現增長呢？我們先從一家現象級的公司——露露樂蒙（Lululemon）切入。

　　奇普‧威爾遜（Chip Wilson）於1998年創立了露露樂蒙公司。在2019年第四季度，露露樂蒙銷售額同比增長20％至13.9億美元，淨利潤增長36％至2.98億美元，而

這已經是它連續第11個季度實現業績的雙位數增長。相比於行業巨頭耐克和愛迪達，露露樂蒙是一個非常年輕的品牌。它是如何在這麼短的時間內創造出增長神話，成功吸引了一大批忠實客戶的呢？

首先是需求，客戶的需求。在品牌初創期，不同於傳統的運動品牌耐克或者愛迪達，露露樂蒙瞄準了瑜伽服裝這個細分市場，這個市場上的客戶群更注重運動服的面料品質、彈性，以及服裝與身體的契合度。當時市場上並沒有專業的瑜伽服飾和設備，因此深潛客戶需求能夠讓露露樂蒙提供給消費者差異化的產品與服務。

需求是起始點，但是瑜伽服裝市場畢竟屬於小眾市場，如何從小眾走向大眾成了露露樂蒙增長的第二個核心問題—如 何進化自身的客戶組合。最開始，露露樂蒙選擇了「super girls」作為自己的天使客戶。「super girls」是這樣一個人群：

24~40歲，收入較高，有一定的社會地位和生活品位，喜歡運動和旅行。而當瑜伽開始在歐美流行時，super girls自然成了這一休閒運動的愛好者，據美國《時代週刊》的調查，2008年美國練習瑜伽的人有1400多萬。不可

否認，露露樂蒙的強勢增長和2000年到2008年之間風靡美國的「瑜伽熱」密不可分。

　　第一批天使客戶是在露露樂蒙沒有知名度，也沒有高昂的行銷廣告費下培育而成的。露露樂蒙在其線下店著重呈現產品本身，並通過「瑜伽實驗室」的形式，讓顧客可以直接體驗瑜伽產品，通過口碑傳播的方式，形成了一個瑜伽愛好者的社區。在產品增長策略上，露露樂蒙則採用了「品類殺手」的策略，即以爆款單品帶動消費者對品牌的認知，培養客戶忠誠度。

　　在客群增長之後，如何留住基石客戶，進一步培養客戶黏性就成了至關重要的問題。嘗到了垂直銷售的甜頭後，露露樂蒙摸索併發展出了適合自己的社群行銷。和許多品牌基於線上社交群營運的社群行銷策略不同，露露樂蒙的社群行銷是偏線下的。露露樂蒙投入了大量的資源，舉辦了多場品牌活動，比如倫敦的熱汗節、中國的「心展中國」居家活動、沙灘派對等。每場活動都吸引了大量的人來參與，讓人們發自內心對品牌有歸屬感，並且自發地在社交媒體上宣傳。「教育者」和品牌大使也是露露樂蒙社群行銷的重要角色。教育者即門店的員工。當門店員工

也和顧客一樣是super girls時，顧客會對品牌產生強烈的共鳴，建立和品牌的高品質連接。而品牌大使則是露露樂蒙精心選擇的當地瑜伽教練、健身教練和運動領域KOL（意見領袖）。截至2019年，露露樂蒙在全球共有1533名品牌大使，包括35名明星運動員、9名全球頂級瑜伽大師、1489名各城市運動領域的KOL。通過品牌大使的影響力和人際圈，露露樂蒙在全球建立了一個又一個運動愛好者社群。

在通過細分市場成功進入行業之後，露露樂蒙繼續擴大市場，培養規模客戶。2009年以後，露露樂蒙開始發展全球電商管道。以中國為例，從2016年開始，露露樂蒙入駐了天貓、微信商城等電商平臺，並參加了多場購物節，在中國迅速打開了品牌知名度。公司年報顯示，2019年直營管道營收增長高達41％，達到了11.3億美元，占總營收的28.1％。為了觸及瑜伽服飾以外的市場，近年來露露樂蒙發展了男裝產品線、運動鞋產品線和個人護理產品線，以期擴大消費者人群範圍。露露樂蒙線下店的坪效一度達到2.08萬美元，這在美國是超越愛迪達和耐克的，在所有品牌中，也只有蘋果和蒂芙尼的線下店坪效同期超過了露露樂蒙。

　　回顧露露樂蒙的客戶增長歷程，它先是在瑜伽服飾這一細分市場培養了一批天使客戶；再通過產品吸引、社群行銷等方式實現了全球化的客戶擴張，並在這個過程中建立了較高的客戶黏性；在品牌成熟期又勇於突破舒適區，拓展電商管道、開發新品類。這是一個小眾品牌大眾化的

圖3-1　客戶結構三要素

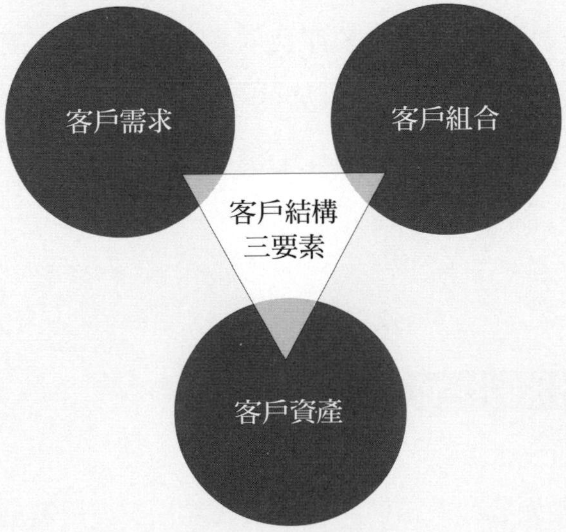

客戶需求　客戶組合　客戶結構三要素　客戶資產

客戶升級過程，它背後指向的是企業如何把市場增長建立在客戶結構之上。

　　正如露露樂蒙所展示出的增長邏輯—基於客戶的維度來進行增長才是好的增長，否則增長線的設計會變成無依據的空談，這就需要企業關注在增長視角下的客戶結構。什麼是客戶結構？前文提到其有三個構成部分—客戶需求、客戶組合以及客戶資產（見上頁圖3-1）。

　　客戶是市場創新的起點，滿足客戶的不同需求就是進入新的細分市場，也意味著新的增長機會；客戶也是產生交易價值的源點，是推動企業不斷滾動向前發展的基石；客戶同樣是企業不計入資產負債表的隱形資產，客戶的價值不在於一次交易，更重要的是通過建立持續的交易基礎，來深挖客戶的錢包占比、終身價值。接下來，讓我們一一分析客戶結構的這三項要素。

客戶需求的挖掘

　　我們先看客戶結構的第一項要素——客戶需求。菲力

浦‧科特勒在其巨著《行銷管理》中對行銷做過一個精簡的定義：有利可圖地滿足客戶的需求。更多地滿足客戶的需求則意味著在客戶錢包占比中的增長，因此，圍繞如何滿足客戶需求來獲得增長是企業增長中的一個原始命題。那麼到底什麼是需求？如何挖掘客戶需求？

「羅浮宮」在2004年的時候，一年有670萬的遊客，這個數據從2001年開始一直停滯不前，於是法國政府開始思考如何實現增長，並請來了諮詢公司。諮詢公司從各種維度給出了很多的方案。有人提出先研究羅浮宮的670萬客戶都是什麼類型的，並建議如果發現大部分客戶來自東亞，可以重點獲取這個類型的客戶，比如和中國以及日韓的旅行社合作，保證每個來巴黎的遊客都能進一次羅浮宮。也有人提出，法屬殖民地尤其是北非一帶，經濟增長迅速，可以嘗試把這些地區的人吸引至法國，帶到羅浮宮來參觀旅遊——這叫找到新市場。另一批顧問發現，現有參訪者年齡大部分在35~45歲，他們是核心人群，約占65％。這也說明新一代年輕人來羅浮宮越來越少了，在這個假設下，羅浮宮的品牌是否應該進行年輕化改造？於是他們建議，可以請當年最紅的法國樂壇小天后艾莉婕

（Alizee Jacotey）給羅浮宮代言，啟動新一代的人群。還有人建議，在羅浮宮當中應設置很多咖啡館，讓更多人能多花時間在羅浮宮……。

其中有一個建議非常有意思，這個建議是細分，即通過細分客戶的需求來進行「客戶錢包占比的滲透」。比如資料顯示，法國當地25~45歲的人平均去過羅浮宮7次，而歐洲其他國家的遊客去過1~2次。於是羅浮宮就在考慮，能否把這些客戶的需求進行深度細分，通過細分，以激發多次進入羅浮宮的需求，將以前的低頻客戶變成高頻客戶？而實現客戶錢包占比的增長，關鍵在於如何為客戶提供更多服務來滿足其更多需求。

通過細分，羅浮宮從已有客戶中找到樣本，記錄他們的行為資料，深挖其潛在需求並設計產品或服務予以滿足。比如：

某些人對《聖經》很感興趣，就可以為這些人單獨開一條羅浮宮《聖經》遊覽線路；某些人對兵器感興趣，就可以為他們開一條兵器的遊覽線路；還有一些人對達‧芬奇感興趣，羅浮宮也可以相應地為他們開一條達‧芬奇遊覽線路。這樣，通過資料分析與深挖客戶需求的策略，可

以把一次性的觀光，細分成可以多次參與的可拓展的產品和服務。這種策略管理的核心，在於用資料對原有客戶的需求進行深挖，通過滿足其潛在需求實現對客戶錢包占比的滲透，撬動了增長。最後，羅浮宮沒有用代言人、管道合作、廣告推廣的策略，而是採用了這些最簡單的做法，當年業績增長了30％。

定義市場，本質上是定義需求。滿足需求，才能讓業務的增長存在可行的基礎。在這個過程中，想像力、創造力和邏輯分析框架一樣重要，所以我們給出一個2×2矩陣，它可以幫助我們找出企業潛在市場容量的新大陸到底在哪兒（見下頁圖3-2）。根據這個矩陣，你要思考的問題是：你還可以滿足哪些客戶的需求？

基於客戶需求的增長如此重要，我們也常說要滿足客戶的需求，但是一個容易混淆的問題是：當我們談論需求的時候，我們到底是在說什麼？到底什麼是需求？越是基礎的問題，越反映出對本質的理解，也越容易影響企業實際操盤時結局的好與壞。

對於這個問題，市場學中給出的答案是一個公式：

圖3-2　客戶—需求增長矩陣

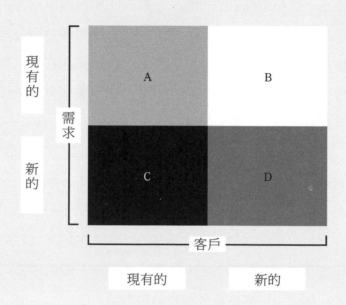

$$需求＝欲望＋購買力$$

　　欲望不等於需求，簡單地說，能被支付的欲望才是需求，這即是諸多O2O公司失敗的根源—表面上看起來市場繁榮，一旦停止補貼，則需求消失殆盡。

　　而在實戰中，更好地對需求進行梳理，來自對使用者目標達成理論（job-to-be-done, JTBD）的運用。所謂使用者目標達成理論，其主要方法是將客戶需求轉換為清晰的場景和價值，從而完成客戶需求的梳理與挖掘，如下頁表3-1所示，它解決的是需求管理整個鏈條的綜合匹配。

　　比如小紅書，其核心用戶主要為高知識程度女性。通常女性是家庭消費的核心採購者，因此小紅書的用戶首先有真實的購物需求，要購買化妝品、護膚品等一些日常生活用品，加上一般在工作間隙、喝下午茶時等相對自在休閒的時間，也許是出於無聊，想要消磨時間（場景），同時又有優質的內容協助她們更好地「買買買」（動機）。但是僅僅如此，小紅書還不足以獲取和留存更多的用戶。小紅書相較於其他內容平臺，如抖音、快手，內容要更加優質。幾乎你能想到的關於母嬰、成長、護膚、奢侈品、夫妻戀人相處、投資等所有女性關心的問題，小紅書都有深度垂直的內容可以提供（痛點）。同時用戶在使用的過程中會慢慢發現，她不僅可以在這裡得到有價值的資訊，還可以把自己的經驗進行分享。小紅書會花大力氣優化內容的排版以保證顏值，優化推送邏輯以加強使用者和精準

表3-1 客戶—需求 JTBD 框架

	顧客典型 心理路徑	企業分析點	場景—顧客 需求描述
場景	當處在某時 某地……	啟動顧客需求的場 景按鈕是什麼？	……
動機	我很想要 去……	顧客在場景下想要 做什麼？	……
痛點	這樣我就可 以……	顧客為什麼想做這 件事？他期待著怎 樣的結果？	……
癢點	會讓我覺 得……	當這件事做完後， 顧客的情緒狀態將 是怎樣的？	……
曬點	其他人會認 為我……	當顧客做完這件事 後其他人怎麼看待 他？	……

內容的聯繫。小紅書的用戶甚至通過分享帶貨獲取收入、創業。以此往復，用戶在小紅書這個平臺，既是用戶，也是創業者，還可以是KOL，在單一的ID背後是多元身份的自我認同和標榜（曬點）。在使用小紅書之後，用戶不僅可以進行有效率的決策，還可以交朋友、消磨時間、賺錢，層出不窮的高品質內容讓使用者根本停不下來，形成癮點。可以說，使用者目標達成理論是一個研究需求的實用方法論。

其實，科特勒的《行銷管理》這本書，都是圍繞客戶需求進行展開的，我在本書中僅呈現出了部分要素。企業應該時刻謹記：需求是客戶之所以變成客戶的根本原因，是增長的起點。

客戶組合的設計

從增長的維度，我們可以將客戶分為五種：天使客戶、基石客戶、規模客戶、利潤客戶以及長尾客戶（見圖3-3）。這五種客戶的組合極其重要：業務缺乏天使客戶

就很難進入市場；而缺乏基石客戶就難以形成堅實的成長底線，難以得到穩健的回報；規模客戶比基石客戶多，相當於公司業務在主力目標市場上的客戶群；利潤客戶是客戶組合中為企業創造利潤溢價的客戶群；而長尾客戶指的是單個規模較小，群體總數龐大而由於數位連接所形成的客戶群，它們不在傳統需求曲線的頭部，而在需求曲線中那條無窮長的尾巴上，長尾客戶和規模客戶在某些領域可能重合，它更指向數位經濟下克里斯‧安德森（Chris Anderson）所指向的互聯網「長尾效應」的應用。

天使客戶也是種子客戶，是在品牌最初的階段就認同企業，並且願意提供一些建設性意見的人，也是企業在市場開發初期的第一批客戶。他們通常包容性較強，不會對產品有嚴苛的要求，但是如果產品與他們的預期相去甚遠，他們會棄之如敝屣。

天使客戶最有代表性的就是小米手機萌芽階段的那批「手機發燒友」，他們來自MIUI論壇。最開始，小米從論壇裡找出1000個人，讓他們將自己的品牌手機刷機成MIUI系統。最後完成這項任務的只有100人，而這100人就是小米最早的一批天使客戶。開始的MIUI並不完美，但

圖3-3 客戶組合

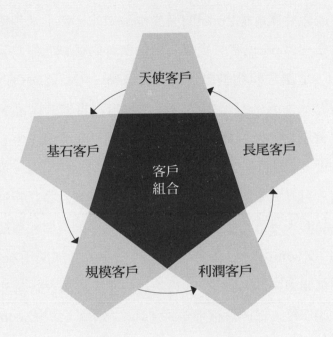

與當時的安卓系統相比，定制化程度高，功能更友好。之所以能做到這些，是因為當時小米每週和這批用戶一起溝通，實實在在地去滿足用戶的需求。這批客戶後來參與了小米手機的最初產品設計，提供了有效的建議和使用回

饋，而小米也從這100個人出發，逐漸形成了自己的社群。

視訊會議軟體Zoom的發展也是如此。和小米手機相似的是，Zoom也有一批具有冒險精神的嘗鮮者作為天使用戶，這讓它能夠讓自身最大的優勢—用戶體驗得以不斷提升。而且一旦早期使用者使用自己喜歡的產品，他們就會主動加以傳播擴散。Zoom選擇了在矽谷正中心懸掛看板、增加品牌曝光度的方式來吸引早期使用者，這些使用者可以免費使用產品，而矽谷中不乏願意嘗試新鮮科技產品的人。正是由於這樣一批天使客戶的推薦和傳播，推動了Zoom用戶的高速增長：2013年，參加使用Zoom進行視訊會議的人數為300萬；2014年，這個資料為3000萬；2015年，這個資料增長到了1億；如今，使用Zoom進行會議的用戶，平均每天超過100萬人。

但是天使用戶並不能保證企業有穩定現金流收益，所以企業就必然要構建客戶組合中的第二項—基石客戶。基石客戶是支撐一個企業或者平臺穩定營運的客戶，他們是保證企業穩定營運的核心因素，或者說基石客戶就是企業的成長底線。

大陸的視頻網站「B站」（嗶哩嗶哩）就是一個非常

依賴基石客戶營運的互聯網公司，它的用戶定位為ACG（動畫、漫畫、遊戲）愛好者群體、Z世代人群。由於B站的商業模式是典型的PUGC（使用者創作內容）模式和社區模式，因此能夠長久穩定地創作作品的「UP主」就是其基石客戶。為了說明UP主創作好的內容，對於新UP主，B站會給他們提供教學，引導他們創作高品質內容；對於已有一定經驗的UP主，則將他們納入現金激勵計畫，提升他們創作高品質內容的動力；對於頂級UP主，則為他們提供VIP服務，使他們對廣大用戶的影響最大化。在這樣通過基石客戶來提升整體客戶留存度的模式下，B站擁有了相當高的用戶留存率及用戶黏性，2020年第二季度平均每月用戶互動次數高達6.43億，同比增長232％，擁有正式會員3800萬人，同比增長44％，12個月用戶留存率為80％。

Costco（好市多）被巴菲特稱為「想帶進棺材的企業」，而其商業模式的核心也同樣是高度鎖定基石客戶。Costco作為連鎖的會員制倉儲量販店，其會員繳納會員費才可以進去購物。一開始，Costco就將基石客戶定位於大批量購物的中產階層。為了吸引更多的人成為會員，Costco為會員提供了豐厚的權益和折扣，使得他們可以享受高

品質而低價的產品和服務。這樣的會員制帶來了相對較高的用戶忠誠度：在同等價格和品質水準下，消費者往往會因前期的會費成本而優先考慮在Costco消費，以期讓自己的會員資格物有所值。付費會員制下的Costco在2018年營收為1384.34億美元，其中會員費收入為31.42億美元，而其淨利潤為31.34億美元。擁有這些基石客戶，Costco的增長才能穩如泰山。

規模客戶是企業想要迅速增長時必須獲取的一類客戶群體。這類客群可能單體收入貢獻度並不大，但是其大體量是企業提升整體營收的主要來源。

對於抖音來說，它的用戶就經歷了從小規模市場到大規模市場的轉變。起先，抖音的用戶由網紅型種子使用者和喜歡音樂潮流的年輕人構成。這些網紅有一批追隨型用戶和流覽型用戶。而現在的抖音用戶則從19~45歲都有分佈，用戶從「年輕」進階到了「普遍」。抖音的使用者增長策略分為兩個部分，產品打磨期和產品發展期。在產品打磨期，抖音通過不斷調整產品發展策略，來驗證用戶啟動的有效手段，以保證用戶來後有留下的欲望。產品發展期，抖音則開始了大規模的拉新用戶策略，具體手段主要

為贊助綜藝節目，實現品牌的大規模曝光。

　　和抖音的用戶增長相似「今日頭條」的用戶也經歷了從「年輕」到「普遍」的增長過程。如今今日頭條的規模使用者畫像為19~40歲，多為男性用戶，用戶月活量超過2.5億，用戶日活躍時長為76分鐘，流量資料龐大。今日頭條的使用者營運圍繞垂直人群進行產品定位，以使用者分層作為主要增長手段進行拓展，將用戶分為導入期用戶、成長期用戶、成熟期用戶、休眠期用戶、流失期用戶，對不同層級的用戶制定了具體的行銷策略。

　　有規模也要有利潤。利潤客戶是對企業提供利潤溢價的客戶，是企業淨利潤最主要的貢獻客群。

　　大陸市場另一網路公司「陌陌」就非常依賴它的利潤客戶。陌陌的營收中，有73％來自直播營收，24％來自增值服務營收（會員訂購、虛擬禮物等），同時陌陌上每月消費超過5000元的用戶貢獻了陌陌總營收的一半。而這些用戶大部分為21~35歲的男性，他們有一定的社交需求，所以願意為了社交需求花錢。這樣的利潤客戶也具有較高的使用者留存率，這得益於陌陌App內豐富的娛樂內容。陌陌的社交業務、視頻業務和直播業務之間互相引流，也是陌陌

為這批利潤客戶不斷創造符合其需求的消費場景的結果。

「國民遊戲」《王者榮耀》同樣通過利潤客戶的「氪金」實現了巨額營收。《王者榮耀》的核心利潤客戶群主要是15~29歲的遊戲玩家，甚至包括不少小學生。而這部分人群包含有收入基礎的年輕人和有不少零花錢、壓歲錢的學生，這些人有閒有錢，樂意為娛樂花錢。

互聯網領域有個很有名的理論叫「長尾效應」，長尾市場也叫利基市場，指的是單個市場規模不大但是總體量卻很可觀的一種現象，而長尾市場中的客戶，就是長尾客戶。與規模客戶不同的是，長尾客戶非常分散，但卻可以在數位化時代聚合在一起，形成需求客戶群。互聯網的發展使得企業可以充分利用長尾效應帶來的便利，把原來需要高投入但是產出較小的客戶聚攏起來，起到聚沙成塔的奇效。支付寶的餘額寶業務就是意識到了長尾用戶的價值，從而成就了這樣的商業奇蹟。單個用戶的購買量雖然小，但因為用戶總量基數龐大，購買總額就大，與支付寶合作的天弘基金在不到一年的時間裡就成了規模最大的基金。

天使客戶、基石客戶、規模客戶、利潤客戶以及長尾客戶構成了一家企業合理的客戶組合，它們的不斷疊加使

得企業的增長基礎越來越牢固，建立在客戶之上的增長區間亦越來越大。

客戶資產的使用

我們再來看客戶結構的第三個要素——客戶資產。客戶資產是指通過與客戶的良好關係的維持，創造出客戶的終身價值，進而使之轉變成企業或組織能夠予以測定並管理的財務性資產。簡言之，客戶資產是指企業所擁有的客戶終身價值折現值的總和。換句話說，客戶的價值不僅是客戶當前帶給企業的贏利能力，也包括顧客一生為企業做的貢獻的折現淨值，把企業所有客戶的這些價值加總起來，就稱為客戶資產。

關於客戶資產的計算方法，有諸多文獻和研究展開，而這裡我想基於企業實踐性的回饋，將其表達為：

企業的客戶資產＝客戶數量×單個客戶終身價值
×關係槓桿×變現模式

　　先看公式第一項，客戶數量。這一項對於企業增長來說，其意義在於要吸引新顧客，擴大客戶來源，維繫忠誠客戶，減少客戶流失或者喚醒沉睡客戶，這比較容易理解。

　　而第二項，單個客戶終身價值，是指企業從該客戶持續購買中所獲得的利潤流的現值。對於企業來說，一方面延長客戶生命週期尤其重要，另一方面通過「交叉銷售」和「向上銷售」將客戶價值做深也是非常重要的布局，比如電商對客戶的深度價值挖掘很多是通過資料的智慧推薦來實現的。如Booking（繽客）網站，通過使用側邊欄，顯示與當前正在查看的住處具有類似屬性的住處，引導顧客向上消費；在亞馬遜 購買書籍時，書籍下方會展示「經常一起購買的商品」和「流覽此商品的顧客也同時流覽」的書籍，以推薦其他類似書目，提升客戶單次購買價格；英國Asos線上時裝零售商在顧客流覽一件商品的實物圖時，會將模特身上的其他衣物及飾品推薦 給顧客，激發顧客的購買欲，實現交叉銷售；在蘋果官網購買手機時，網站會提醒消費者還可以購買各種配件如耳機、手機 保護殼和無線充電支架等；Microsoft Store也會顯示「經常一起購買」的產品達到同樣的效果。同時企業還會通過加入適當

風險因素來賣出更多搭配產品，提升整體利潤，如在購買蘋果手機的時候，商品頁面還會顯示「添加AppleCare＋服務計畫」，消費者如果加付1000元的AppleCare＋服務費用，可以獲得長達2年的技術支援，以及硬體維修和意外損壞保修服務。

公式的第三項是關係槓桿，其核心是利用客戶的關係槓桿，使客戶主動擁護推薦，發動更多的人進行購買。這一點在中國大陸市場上尤為明顯，滴滴、拼多多、美團都是利用關係槓桿實現裂變的先鋒。以拼多多為例，拼多多利用了微信社交軟體相對分散、更加具有場景化的功能，以流量做切入，以用戶為原點，以好友分享與傳播為基礎，以拼團超級優惠為價值點，使每個用戶都成了它的可以裂變的行銷管道，都成了它的流量分發中心與信任背書平臺，每個用戶都是團購的發起者，也可以成為團購資訊的接收者。與此同時，基於社交關係的信用認可也減少了使用者對電子商務平臺的不信任。在購買了低價格的產品後，使用者增強了對拼多多平臺的信任，並成為下次開團的發起者。就這樣，拼多多吸引了更多用戶，形成指數級擴散的裂變效應，獲得爆炸式增長。

　　PayPal初創時最大的挑戰就是獲取新用戶。創始人最開始嘗試過投放廣告，但是價格太貴；也嘗試過找大銀行進行商務合作，但是實施起來非常困難；最後PayPal推出了現金獎勵措施。使用者只需註冊、確認他們的電子郵寄地址並添加信用卡，就可以獲取20美元的獎勵，如果他們再推薦他人註冊PayPal，可以再獲20美元的獎勵，這個時期PayPal的用戶量達到了7%~10%的日增長率。在第一年裡，PayPal花費了數千萬美元的註冊和轉介獎金，並在2000年3月之前獲得了100萬用戶，到2000年夏季獲得了500萬用戶。這樣的獎勵機制使其獲得了第一批種子用戶，而他們又因為便捷安全的使用體驗轉化為PayPal的忠誠用戶。隨著用戶數量的增加，獎金逐漸降到了10美元、5美元，當整個PayPal的使用者網路變得越來越大，最終網路本身就已經擁有了足夠的吸引力價值時，吸引新使用者不再額外需要提供任何獎勵了。

　　公式的第四項是變現模式，變現模式直接決定了企業盈利點的來源和多寡。原有的客戶價值只是線性計算該客戶終身在購買企業的各項產品和服務時的綜合貢獻，但是客戶資產卻可以進行其他維度的變現，「變現模式」就

是這些多盈利點變現的「上帝之手」。2018年9月18日，
京東金融更名為「京東數科」，對外宣稱「數位科技更能
體現公司的定位」。京東從電商開始，依據電商所積累的
交易資料和客戶資料進入金融領域，在改變變現模式後，
又基於金融業務累積的大數據轉化為平臺，不再持有金融
產品，而是由進駐的金融機構直接去做資產、資金以及用
戶營運，京東數科提供科技輸出，將業務形態由B2C變為
B2B2C。京東數科前CEO陳生強對此表示：「早在2015
年，京東金融就開始深刻思考將金融與科技進行分離，分
離之後京東金融仍是最重要、最核心的板塊，未來京東數
科的其他業務將會在金融核心的基礎上不斷拓展。京東數
科目前的業務與金融業務是環環相扣的，有了產業的需
求，才有了金融。因為有了金融，反過來又可以促進產業
的發展，這就是網路效應。」京東數科的轉型，就是一個
以原有客戶群為基礎，不斷反覆運算衍生的過程，2020年
公司估值達到2000億元。

　　雖然客戶資產的計算方式大同小異，但不同企業在
客戶資產上布局的落點是不一樣的。有一次我去伊利的嬰
幼兒奶粉事業部調研，伊利的高階主管見到我說的第一句

話就是：「我們和其他快消品不一樣，市場打法肯定不一樣。」我立即回饋說：「沒錯，你們這個市場屬於『高客戶流動市場』，如果學習某些高頻快消品那樣投廣告，可能盈利都蓋不過廣告費。」

　　什麼是高客戶流動市場？就是這個市場的客戶不管是否滿意，他們都會流失。這有可能是因為產品使用頻率低，比如婚紗、房地產經紀；另外可能是因為產品耐用性強，比如冰箱或電視機；還有就是與目標市場受眾年齡段有關，比如嬰兒紙尿布、養老社區等，即過了這個年齡時點，客戶就會流失。而伊利嬰兒奶粉就是由於目標市場的年齡段，呈現出「高客戶流動市場」的特質。（有一個衡量高／低市場流動的方法，也就是計算淨流動率〔net turnover rate, NTR〕。首先估算前一年總市場規模，加上本年市場進入顧客規模，減去離開顧客數量，然後用新顧客數除以顧客總數。淨流動率越高，業務風險就越高。）

　　高流動率的市場，客戶常變常新，總會有新的消費者進來，原有的消費者也會退出。這種業務的增長要不斷構建新的客戶群，並降低市場流動率，所以我當時建議伊利應該實施典型的如下策略：

第一，提供一條遷移路徑。比如說嘉寶公司，是做嬰兒食品的—這也是一個典型的高流動率市場，不斷有新生兒進來，原有的幼兒退出。但是嘉寶公司在美國市場保持了65％的占比，原因是它通過市場細分，把嬰兒奶粉分為新生兒階段、支撐坐起階段、爬行階段、站立行走階段、學齡前階段，使得客戶生命週期能夠延長，在每個環節進行有效對接。提供遷移路徑的目的是鞏固客戶資產中的客戶數量，使客戶黏性時間變長，亦可提升客戶資產中的單個客戶終身價值。

第二，提供舊有客戶帶新客戶的連帶型「裂變」。比如在法國的電信市場，電信營運商Orange公司單獨針對中國留學生使用者，設計了原有客戶離網回國時對新客戶推薦辦理業務的獎勵機制。這種獎勵對雙方都能產生利益，這樣就實現了客戶池的穩固性更替，這裡運用的即是客戶資產中的關係槓桿要素。

第三，建立社群，進行交叉銷售，增加新的變現模式。你會發現任何高流動行業的原有客戶肯定要比現有客戶多，但是他們的客戶資產可以進行橫向開發。比如像高端南極游的客戶群，可以與高爾夫球場、高端度假酒店合

作，擴張其新的盈利點。

　　本章我們在業務結構的基礎上，引出客戶結構，並將其定義為「企業在客戶層面能夠持續推動公司業務增長的要素組合」。客戶結構包括三個維度—客戶需求、客戶組合以及客戶資產。這三者本質上揭示出客戶維度增長的關鍵：客戶為什麼購買，客戶群如何疊加，客戶資產如何利用。正如著名矽谷投資人、《從0到1》作者彼得・提爾所言：「衡量一個企業是否具備天荒地老的價值，就在於看它手上究竟有多少客戶資產、客戶多寡以及客戶與企業深度綁定的關係。」增長必有客戶作為堅實的支撐，業務規劃才不是「鬼話」。

　　本章最後，我想起科特勒給我講過的一個故事。有一次他去見吉列公司的CEO，問吉列是如何定義其業務的。很多人可能會說吉列做的是剃鬚刀，但是我們要注意到，它的增長業務何止剃鬚刀呢？吉列還進入了電池、口香糖甚至護理產品等領域。那麼，這種業務增長是否缺乏邏輯？吉列公司CEO說：「吉列的市場業務定位是高度清晰的，就是做超市結帳櫃檯一平方米貨架空間的生意。」這類業務從消費者行為上講有高度統一性—快速消費品、場

景提示性購買，並且利潤極高。基於這個市場定位，吉列
的增長方式就非常獨特： 看看貨架上還有哪些品類可以進
入，觀察哪些品類符合上述消費者的購買需求，怎樣布局
以使在收銀台終端的客戶更容易購買，在這個市場定位下
進行收銀台一平方米貨架空間的占領。吉列的模式是在一
個細分需求上滿足客戶，並按照客戶需求去擴大提供產品
的區間，去形成自身的單客經濟模式，在單個客戶的價值
上縱深增長，這就是基於客戶結構的增長。

思想摘要

- 缺失客戶的支撐，增長的業務設計就會從規劃變成
  「鬼話」，無法落實，這是大多數公司進行戰略規
  劃時所碰到的窘境。
- 所謂客戶結構，指的是企業在客戶層面能夠持續推
  動公司業務增長的要素組合，它包括客戶的交易動
  因是什麼（客戶需求）、合理的客戶構成層級是什
  麼（客戶組合）以及依據客戶還可以做哪些增長衍
  生（客戶資產）。

- 欲望不等於需求，簡單地說，能被支付的欲望才是需求。
- 客戶的組合——從企業或者產品發展週期的角度，按照不同階段客戶對於企業不同的意義，可以將客戶組合結構分為五種：天使客戶、基石客戶、規模客戶、利潤客戶以及長尾客戶。
- 客戶資產是指企業所擁有的客戶終身價值折現值的總和。換句話說，客戶的價值不僅是客戶當前帶給企業的贏利能力，也包括顧客一生為企業做的貢獻的折現淨值，把企業所有客戶的這些價值加總起來，稱為客戶資產。
- 企業的客戶資產＝客戶數量×單個客戶終身價值×關係槓桿×變現模式。

4
CHAPTER

競爭結構

五力模型

就是一種必然的競爭結構。

—— 哈佛商學院教授 ——

麥可・波特（Michael E. Porter）

增長結構之競爭結構

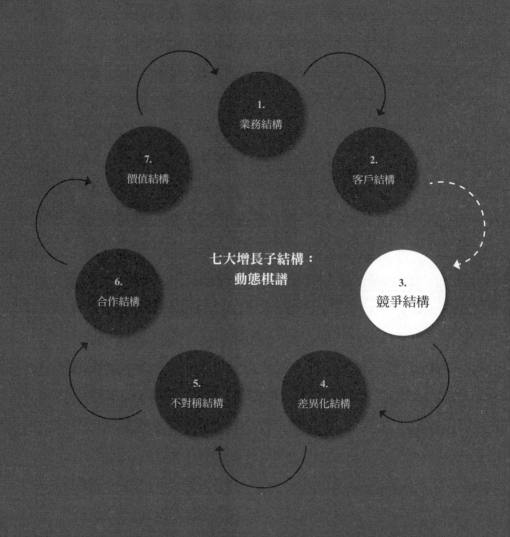

七大增長子結構：
動態棋譜

1.
業務結構

2.
客戶結構

3.
競爭結構

4.
差異化結構

5.
不對稱結構

6.
合作結構

7.
價值結構

2009年之前，上下班高峰期人們苦於站在馬路邊一個多小時等不到計程車，而計程車司機也有痛點——非高峰時總是無可奈何地在馬路上「掃街」攬客。　但是優步的出現解決了出行需求與供給這兩端的痛點，更是讓按一下按鈕即可叫車這件事成為可能：只要下載一個App，就可以用手機隨時隨地召喚附近的司機。這一模式的本質就是互聯網平臺效應的最佳注解：供給端和需求端都近乎無限大，彼此的需求通過平臺達成動態平衡。一時之間，資本紛紛看好這一全新的商業模式。短短幾年，優步發展成了全球估值最高的創業公司，並在2019年上市。

比起其競爭者——計程車，優步不但可以更加方便快捷地滿足人們的打車需求，更是在價格上有著明顯的優勢，免去了起步價，同時還可以進行線上預約服務。有資料顯示，優步的平均價格是普通計程車的七至八折。

在需求面（客戶）吸引乘客方面，拋開發放的大額補貼不談，優步也在致力於完善用戶體驗。乘客如果口渴了，司機會提供礦泉水，手機沒電了也可以在車上充電。良好的服務提升了顧客滿意度的同時，也降低了顧客對價格的敏感性。近年來，優步更是圍繞著物流服務拓展了外

賣、自動駕駛、貨運等相關業務，進一步在消費者心智中建立了強大的品牌認知，提升了顧客的忠誠度，並通過會員積分體系等方式提高顧客的轉換成本，間接地提升了針對顧客的議價能力。

而對於供給面而言，相較於計程車司機每個月都需要交給管理公司營運費、稅費等高額的「份子錢」，優步不但不收取相關費用，還採取了大量措施吸引更多的司機加入優步。即便司機沒有接單，只要保持線上就可以獲得補貼。此外，優步司機可以兼職這一特性意味著更富彈性的工作安排。兩相對比，大量的司機湧入優步，開始利用閒暇時間成為優步的司機。這也因此保證了優步對供應方的整合，提升了其在司機端的議價能力。優步擁有更多的司機，同時也就吸引更多人來使用優步叫車，形成了正向迴圈。

優步就是這樣一步步地將乘客端和司機端彙集在了自己的平臺上，並最終形成了網路效應。使用者規模的擴大降低了單位成本，並引發更大的需求，這又進一步擴大了使用者規模。網路效應帶來的優勢是顯而易見的，無形中形成的規模壁壘提高了進入者的資金需求量，使得很多潛在競爭者無法進入該行業。同時，優步還在探索無人駕駛

的服務場景，以應對替代者的侵入。

　　可以說，優步在化解五力（即波特競爭模型中的五力）上的步步為營是其高速發展的強力推動因素，但是其上市後的市值卻不容樂觀，上市第一天即跌破發行價，市值僅有697.11億美元，為最高估值的56％。其中一個重大原因，即優步沒能在與五力的角逐中全面占據產業的有利位置。一方面是因為全球很多地區還處於摸著石頭過河階段，對待網約車的態度十分曖昧；另一方面，作為一個新興行業，優步的推行勢必會遇到來自傳統行業的阻力，例如多個國家一度為了避免其與計程車行業的競爭而「封殺」優步。

　　然而，由於網約車業務本身具有分散性，世界各地群雄並起。因此在降低同業競爭強度方面，優步採取了降低退出障礙的策略，對那些經營面臨困難的廠商加以協助。比如東南亞最大的網約車公司是Grab，英國則冒出了Gett和Hailo（Hailo是目前英國市場占有率最高的一款網約車軟體），俄羅斯市場出現了Yandex，中國市場上則有滴滴。為了化解在新的區域市場的競爭威脅，優步也嘗試與當地市場的競爭對手進行合併，或者互換股份，比如以

31億美元的價格收購了Careem在整個中東地區的交通和支付業務，並保證了收購之後Careem的獨立營運。又如與東南亞市場上的Grab以資產換股份，獲得Grab公司27.5％的股份，這本質上是通過收購的方式來降低同行業間的競爭強度。

更值得警惕的是，由於壁壘設置不夠，潛在進入者紛紛入局。以中國市場為例，隨著近年來網約車市場的擴大，美團、百度地圖也紛紛加入戰局。此外，神州致力於安全約車，首汽強調其高端的形象等操作，更是在利用差異化方式降低自己在同業中的競爭難度，試圖在打車軟體中殺出一條血路。在此背景下，優步雖然為客戶創造了獨特的體驗與價值，也於2020年實現單月活躍用戶突破1億，但若想進一步獲取行業定價權，就必須將這些影響自身競爭結構的因素，一個一個減弱乃至消除，構建出更堅固的壁壘。

從客戶結構到競爭結構

　　上一章我們剖析了客戶結構，良性增長的基礎在於客戶，在於客戶需求、客戶組合以及客戶本身構成的資產增長。如果缺失客戶，業務結構的增長設計就走向了形式，這也是杜拉克一直把客戶作為商業核心的緣故。但是，市場經濟從來不是旁若無人的環境，正如萊斯在《商戰》一書中所言，市場環境中，並非僅有一家企業在不斷追逐客戶，於是競爭就成了必然。所以在談完客戶結構後，就必然過渡至競爭結構。競爭結構指的是如何有效建立自身在行業生態中的定價權能力與壁壘高度。競爭結構要回答的是，同樣追逐客戶，你的企業憑什麼取勝。只有建立在競爭上的客戶價值，才能夠成為增長的根基。換言之，沒有一家企業可以做到有100％的客戶滿意度，客戶需求永遠如河流般，是動態變化的，因此企業需要在客戶可選擇的範圍內做到最好，超越所有的競爭對手，這樣才能夠生存。在這種假設下，企業增長不僅要建立在客戶的基石上，還要能形成競爭優勢。競爭壓力也迫使一些企業通過主動的「自我革命」升級產品或服務標準，並對整個行業

產生一種「破壞性」的增長力量。

　　最能詮釋競爭的例子是摩爾定律。作為英特爾創始人之一的摩爾（G. Moore）在1964年提出，積體電路上的電晶體數目，在行業研發的推動下將會以每18個月翻番的速度增長，這個預言在之後的幾十年IT（資訊技術）史中被證實，並被稱為「摩爾定律」。英特爾在安迪·格魯夫時代，嚴格按照摩爾定律對微處理器進行升級，摩爾定律成為英特爾的「戰略時針」。當時英特爾的兩根曲線幾乎同步——一根是摩爾定律曲線，另一根是英特爾股票曲線，兩者互相成就，譜寫了商業神話，而整個IT硬體行業都是被供給面的競爭加速驅動而發展的。

　　市場學上更吊詭的是，很多時候客戶也未必知道自己的需求，這種需求在某種意義上反而是通過供給產生的，這就是法國經濟學家薩伊所言的「供給創造需求」。

　　市場戰略導向可以表達為一個公式：市場導向＝客戶導向＋競爭導向。單純的客戶導向是危險的，比如令客戶滿意是很多公司所追求的，如果純粹按照這個邏輯，星巴克將自己的咖啡價格降到和瑞幸一個價格，或者半價出售，我想一定能在短時間內提升客戶的滿意度，但是這樣

可能會讓企業陷入無利可圖的狀態。對於某種商品或服務，只有顧客支付含涵蓋利潤在內的價格，經營才能成立（即使是互聯網思維的免費，也必須由其他連帶型的產品和服務來贏利）。誠然，所有的企業並非單純為客戶服務，而是在為客戶提供價值的過程中贏得競爭，並獲得利潤。而我在現實市場看到，諸多所謂專家鼓吹「純粹客戶中心論」，這是原理級別的錯誤。

更讓人警醒的案例是威斯汀酒店。1999年，威斯汀酒店投入千萬美元改造設施，推出著名的酒店行業第一張品牌床—天夢之床，威斯汀的CEO表示，「我們要更多、更好地服務自己的客戶」。可惜市場上的玩家並不會讓一家獨舞，威斯汀讓利於客戶的策略也被競爭對手跟進，於是我們現在熟知的酒店品牌大床系列全部冒了出來——希爾頓的恬靜之床、凱悅酒店的君越大床、麗笙酒店的睡眠密碼大床、皇冠假日酒店的卓越睡眠大床等等。此後七年，「床上之戰」不斷升級，最終導致酒店企業的服務並未拉開實質性差異，而客戶的期望被不斷提高，願意支付的溢價卻沒有上升，在這場商戰中獲益的是客戶，而同類酒店盈利水準卻被降低。威斯汀挑起的戰爭，是客戶導向的失

敗，還是競爭導向的失敗呢？恐怕是兩者協調的市場導向
的失敗，所以如果不談如何有效競爭，所謂的客戶導向則
是幻覺和暗礁。

　　競爭本身也在驅動公司增長，因為對競爭對手市場
占比的侵蝕和通過競爭獲得壟斷性的溢價，本身就是市
場增長的核心手段。經濟學是戰略學和行銷學之父，經濟
學尤其是產業經濟學，為研究競爭策略開闢了一條新的
道路。在產業經濟學的研究領域中，又以哈佛學派和芝加
哥學派最為著名，而麥可・波特是把競爭結構化的第一
人。20世紀80年代，哈佛商學院波特教授的《競爭戰略》
（Competitive Strategy）一書出版，將產業組織理論中「
結構─行為─績效」（SCP）的分析方法引入企業戰略的
分析之中，標誌著用產業經濟學來研究競爭的方法已經基
本成熟。

　　彌補理論與企業實踐之間的鴻溝是波特最重要的貢
獻，他從劍橋城的哈佛大學經濟系走到查理斯河對面的哈
佛商學院，相容並蓄。正如他曾經用自己的話語表明，他
創造出來的是一種結構性的框架──「企業是多種行為的
綜合體，競爭結構的 框架為競爭的實質提出來一些基礎性

的、根本性的，而且我認為也無法改變的邏輯關係」。他整體的假設體現在1980年出版的《競爭戰略》的首章第一句「競爭戰略形成的核心在於將公司及其所處的環境緊密聯繫起來」，而「核心因素」是企業所在行業以及這個行業的結構。

那麥可‧波特提出的競爭戰略是如何破解結構的呢？在解決這個問題之前，讓我們來看看傳統上我們是怎樣認識波特的產業五力模型的（見下頁圖4-1），然後再在此基礎上反覆運算。

傳統意義上戰略管理理論，往往是把五力模型（現有競爭者、替代者、客戶、潛在競爭者以及供應商）當作一種產業環境的分析工具。一般來說，這種產業環境分析是緊跟市場的宏觀環境分析，即PEST分析之後的，從屬於企業戰略環境分析之下。一般而言，在產業環境下，對五力分析的作用在於：一個新進入者衡量其細分市場的行業狀況，或者產業內的企業權衡各個利益連接者的動向如何，以及判斷這個行業的盈利性。

然而不得不說，把五力模型作為產業環境分析工具的思維太狹隘了，五種模型的核心邏輯是放大競爭的視野，

圖4-1 麥可·波特的五力模型

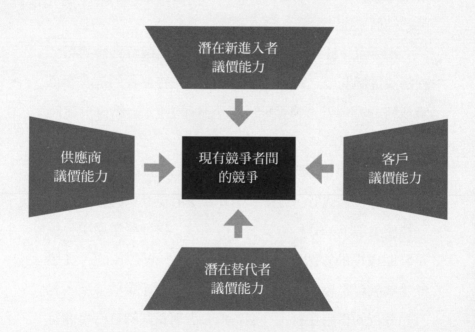

企業面臨的競爭壓力並不僅來自同行對手，亦來自供給、需求或替代方等力量在價值鏈上的爭奪，而價值又是增長的關鍵指標之一。從增長角度，這個五力模型還有更值得深挖的意義。

從競爭結構的視角看增長

我們必須弄清楚一個問題：競爭策略要達到的目的是什麼？當我們採取一種行動的時候，也始終必須面對這樣一個首要問題：企業這樣做究竟是為了什麼，要達到何種目的？

其實，只要我們回到企業存在的目的之一去思考，這個問題的答案就很簡單。與其他社會機構最顯著的差異，就在於企業要作為一種營利性組織而存在。如果企業不能贏利，就難以支援自身的發展。所以企業要獲得競爭優勢，不是為了優勢本身，而是要能夠獲得更好的盈利增長。獲得最佳的盈利增長空間是企業發展其競爭戰略的最終目的。

　　現在，我們進一步追問：怎樣才能獲得最佳的盈利增長空間？這個時候，我們必須得把企業放進市場來考慮，所謂的盈利不僅要基於企業自身的業務能力，還要面臨消費者和競爭者的壓力。這樣不可避免的問題是，我們必須對市場進行分析——不妨引入微觀經濟學的視角，把市場分為四種類型（以下用經濟學語言描述，見表4-1）。

　　第一種，完全競爭市場。這個市場上有無數的買者和賣者，市場上每一個廠商提供的產品都是同質的，同時不存在資訊不對稱的情況，所有的資源也都有完全的流動性。在這種市場上，廠商只能在既定的生產規模下進行生產，並只能接受現有市場的價格。

　　第二種，壟斷競爭市場。市場中存在許多廠商，這些廠商生產和銷售有差別的同種產品。在壟斷競爭的市場下，大量的企業生產有差別的同種產品，這些產品都是非常接近的替代品；由於企業數量多，所以每一個廠商都認為自己的行為影響很小，不會引起競爭對手的注意，也不會遭到競爭對手的報復；廠商的生產規模比較小，進入和退出一個生產集團比較容易。

　　第三種，寡頭市場。市場上有幾個廠商控制了整個行

表4-1 微觀經濟學下的四種市場類型

市場類型	市場產量	市場價格
完全競爭市場	最高	最低
壟斷競爭市場	較高	較低
寡頭市場	較低	較高
完全壟斷市場	最低	最高

業的生產和銷售。其利潤分配在於寡頭之間博弈的結果。

第四種，完全壟斷市場。指行業市場被一個大的企業控制，其掌握了供應權與定價權，所獲得的利潤最大。

很顯然，如果一個行業處於完全競爭市場，企業盈利最低，而在壟斷市場中，則盈利空間最大。能夠獲取壟斷是每個企業夢寐以求的，因為在這裡有最佳的盈利增長空間。然而真實世界中，絕大部分企業或者因為競爭的壓力，或者因為政府的管制，得不到壟斷利潤。但是如果把市場進行有效的細分和區隔，是有可能達到這樣一種效果的，也就是說，企業可以通過切割自己的業務領域，得到

一個人為的壟斷效果。

推理到這裡，我們得出一個重要結論——企業的競爭戰略就是要達到或者接近這種壟斷效果，以獲得利潤區的增長。注意圖4-1的五力模型，我們會發現，縱向來看，這些競爭要素是爭奪市場的對手，爭奪的焦點是市場占比；橫向來看，這些競爭要素是爭奪鈔票、爭奪利潤的對手，其爭奪的焦點在於市場的利潤。所以，五力共同決定了行業的競爭結構，而企業若可對各種力量進行消除，或者使其趨向於零，企業也自然更能夠接近於壟斷利潤，獲得更多的盈利增長。

從這個層面去理解五力的話，就能對一些爭論的話題進行清晰的透視。比如說前英特爾總裁葛洛夫提出的「六力模型」——在波特五種力量的基礎上引入了互補者（比如說相機銷量的擴大會增加消費者對膠捲的需求）。這種看似很有道理的提法，實際上是誤讀了五力的實質，互補者的作用在於把市場的空間擴大，而五力的根本意義在於反映行業獲利能力的高低和企業對行業壟斷力的大小。因此，競爭戰略應該將增長定義在企業如何獲得或者接近壟斷利潤的命題上，使企業在五力中處於最佳的位置，保衛

自己，抗擊五種競爭作用力，或者根據企業自己的意願來影響這五種競爭力量，去求得增長解。所以我在諸多場合提出波特五力模型的精髓是「反五力」，即如何減弱和消除五力對自己市場的影響，以獲得自身的增長機會。

五力競爭結構本質：消除和弱化五力去求增長解

接下來，我們重新看波特的五力結構，以「反五力」的思維去看五力（見下頁圖4-2），讓競爭戰略在增長的維度真正活起來。

先從供應商維度看，企業的市場決策需指向化解供應商對自身的討價還價能力。我曾經擔任PICC（中國人保集團）的常年顧問，其高階主管告訴我，人保的航空險通過「攜程」管道售賣，其付給電商攜程的合作費竟然高過保險價，這就是管道供應商對其的強大議價能力。所以對於競爭結構中的企業而言，如何提高對供應商的討價還價能力尤其重要，比如說分散供應商的來源，讓供應商之間產生競爭行為，或者尋找替代性供應商。如果把企業的原料

圖4-2 反五力模型

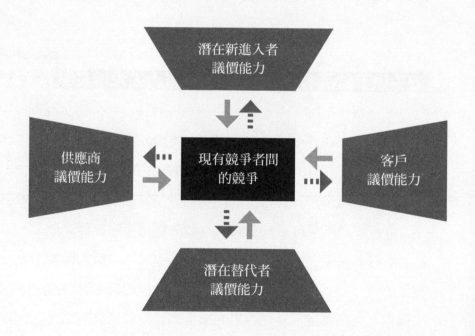

採購集中在一到兩家供應商身上,則風險極大。宜家為控制成本,在北歐不斷尋找新的供應商,引入供應商之間的競爭,這樣宜家便能在原料的採購過程中形成定價優勢。

建立向後整合的能力也是一條思路。企業為維持對供應商的議價能力,應該隨時保有可以自己生產的能力作為談判的價碼,比如不時地通過新聞發佈、研究報告來表達此戰略意圖,但不一定要真正執行。2019年,在美國制裁華為的影響下,Google旗下的Android(安卓)官網一口氣將華為旗下多款熱門機型下架。然而,華為鴻蒙系統的出現打破了Google的小算盤。開源、免費的鴻蒙系統對Android構成威脅,並有可能會撼動Google在手機作業系統領域的壟斷霸主地位。在此情勢下,谷歌重新恢復了和華為的合作,以期「軟化」華為,減緩鴻蒙系統的擴張步伐。

第二個維度是反向化解客戶的議價能力。比如選擇議價能力較低的顧客群,或者降低顧客對價格的敏感性。為達到此戰略意圖,企業可以努力創造產品的附加值、提高品牌的知名度、增加售後服務等。以優質服務聞名的海底撈,在提供火鍋菜品的同時,為顧客提供無微不至的人性化服務,讓顧客覺得物有所值。因此,海底撈在火鍋行業

中較高的價位並沒有阻擋顧客對其的喜愛。英特爾公司通過「Intel inside」的品牌計畫，最終在用戶當中樹立起強大的品牌形象，成為用戶公認的行業標準，使客戶購買電腦時關注英特爾的CPU（中央處理器），而不僅僅關注電腦品牌。

提高顧客的轉換成本也是反向化解客戶議價能力的有效策略，比如讓客戶改用其他產品，會造成損失。這裡比較典型的案例就是蘋果。蘋果公司通過iOS平臺構建出客戶的轉換成本。比如使用者會從iTunes（蘋果的數位媒體播放程式）上購買電影電視節目和各種App，如果更換為安卓手機，這些資料資產將不能被使用。

第三個維度是降低同行業間的競爭強度。同行業的直接競爭往往是五力中威脅最大的一個。在可能的情況下，企業應該創造出一種和平共處的環境，不激發激烈的拼殺。比如可以形成同行業默契，這種默契的形成需要一段時間，不可能一蹴而就，它是建立在行業中的企業重複博弈基礎上的，最典型的是阻止價格戰上的合作。因此，除了通過私底下溝通，也可以通過發射適當的市場信號，比如像「我們超市商品的價格總要比別的超市低5％」這

樣的價值承諾，讓其他廠商同行知道進攻後遭到報復的後果而按兵不動。以大陸市場幾大快遞業巨頭為例，申通快遞、圓通速遞、中通快遞、韻達快遞之間已形成價格默契，派件費調整方案經常如出一轍，如在原有派件費基礎上上調0.15元／單。這種內部默契是為了保持行業的穩定，防止行業內部廝殺。

　　在必要的時候，企業還可以考慮採用收購或者握股持股的方式，掌握競爭對手的經營決策權，以降低競爭壓力。優步在全球擴張的過程中面臨著日益激烈的競爭，因此優步以31億美元的價格收購了Careem在整個中東地區的交通和支付業務，收購之後Careem還獨立營運，但這樣卻避免了優步與其直接競爭。

　　如果處在退出障礙很高的產業中，那麼企業面臨的壓力將會很大，所以降低競爭對手的退出障礙也是很重要的策略。尤其當產業趨近成熟或處於衰退期的時候，競爭對抗會更加惡化。為避免此情況，居於優勢的企業可利用各種方式，對那些經營面臨困難的企業加以協助。比如，以較合理的價位收購其設備、接收其人員或協助其轉移到其他的地方經營。

　　第四個維度是反向化解潛在新進入者帶來的危險。一般的策略有掌握關鍵資源，如管道、原料、特殊地點、政府證照等資源，或創造本身獨有的產品技術，使他人無法取得或者建立在本行業經營所必需的條件，也可以提高預期報復的可能性，嚇退潛在進入者。比如傳統汽車行業就是進入壁壘相對高的產業，這種壁壘建立在規模經濟的基礎上。從汽車產業的發展經驗來看，年產100萬輛是車企的生死線，這條線以下的汽車企業不能獨立存在，甚至連年產200萬輛規模的企業也會面臨重組的壓力，規模經濟的門檻對非專業汽車生產廠商的考驗尤為嚴峻，新進入者必須達到一定的市場占比以大規模生產，否則將陷入成本劣勢。由於汽車研發存在著巨大的成本，所以必須提高產品的產量才足以讓成本攤銷，這就要求潛在進入者必須以大規模生產的方式進入市場，從而有了極高的進入壁壘。

　　第五個維度是對替代者的回應。在如今的數位化時代，替代者跨界破門而入的確成為原有企業的噩夢。2012年美國貝斯波克投資集團（Bespoke Investment Group）創建了「亞馬遜死亡指數」（Death by Amazon Index），這個指數以等權重和市值加權兩種形式發佈出來，由54家因

亞馬遜的發展而受到衝擊的零售企業的資料構成，它們面臨著亞馬遜殘酷的跨界競爭。

死亡指數中的這些企業僅有少量線上業務，主要銷售非獨家授權的協力廠商品牌，它們包括沃爾瑪、邦諾書店（Barnes & Noble）、梅西百貨、Costco超市以及Target 商店等。亞馬遜死亡指數反映的是，亞馬遜的股票上漲往往會伴隨這些股票的下跌，或者當亞馬遜開拓其同領域的新業務時，這些公司的股票會巨幅震盪。比如2017年亞馬遜宣佈收購全食超市，沃爾瑪的市值一夜之間少了170億美元；而當耐克宣佈與亞馬遜合作時，其最大的銷售商Dick's Sporting Goods和Foot Locker股價雙雙暴跌。同樣，當亞馬遜宣佈其研發的網路交換機即將上市時，此領域的思科公司股價當月下跌6.1％，Arista Networks股價下跌6.2％。

有沒有可能去封鎖替代者的威脅？我認為不可能，很大一個原因在於企業難以判斷跨界對手從何種領域切入，所以最好的方式是建立「反脆弱」系統。就像騰訊在2011年布局微信時，其內部其實也有反對意見，認為微信與QQ之間會形成競爭關係。而馬化騰非常堅決，提出「在

移動互聯網時代，與其被競爭對手破門而入，不如自己先革命」。馬化騰直言從諾基亞、黑莓等老牌千億美元市值企業的隕落中得到警醒─要有危機感、具備反脆弱性。因此騰訊內部不斷努力研發新產品、鼓勵顛覆舊有產品，與其被外部替代，不如自己去建立替代者角色。

企業在以上五個維度的綜合回應，即企業的競爭「反五力」，實則讓企業在五力中處於最佳的位置，使競爭力量對其市場占比或利潤的爭奪得以削弱，進而使企業能從競爭維度去求得增長解。於是，我們可以把此章開篇的優步化解五力以求增長的戰略表達為圖4-3：

目前對於波特的戰略思想，理論界也存在著不少爭議。其中比較顯著的一點是，認為波特的產業競爭思想過於靜態，不適用於當今不確定的市場格局，尤其是移動互聯網技術的不斷創新引發的產業變革，使得產業邊界日益模糊，著眼於未來產業及其戰略的構建更有意義。反對者認為，波特戰略思想的靜態性在動態的、不確定的市場環境中很難起到作用。

但是我對上述觀點投反對票。回到本章提及的「反五力」框架，波特模型根本就是一個動態的結構，並且是一

圖4-3 反五力模型—優步的解法

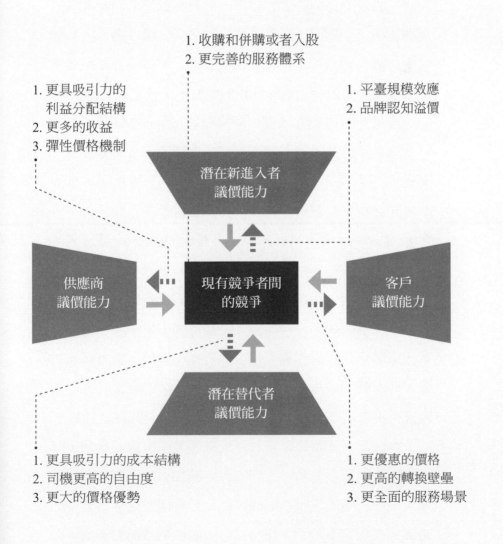

個有明確目的指向的動態結構。而波特並沒有回避破壞式創新理論這一因素的影響，而是將其引入潛在進入者和替代者這兩大力量的剖析中。在我看來，波特五力模型是所有商業理論中最接近純粹理性的模型，沒有之一。

貝恩諮詢的合夥人瓊・瑪格麗塔（Joan Magretta）在一次會議中說：「大量諮詢公司的企業運用波特的模型，都走向了失誤。戰略不是速食，波特不是速食。」她說的這句話我相當認可。波特沒有杜拉克那些金句式的「洞見」，他講究科學——可檢驗、可複製、可追溯、可預測，這即是我所言的理性結構。波特解釋的是原理，用他自己的話說，「我的框架提供了一套基本的邏輯關係，它們像物理學的邏輯關係一樣簡單，但是反映本質」。在波特之前，戰略只是告訴你要有遠大的目標和願景，要有組織力量，要有計劃安排，但是都沒觸及最致命的武器—你的業務究竟創造何種價值，並如何在市場競爭中做到這一點。

2005年，IBM公司將其個人電腦業務出售給聯想，其實按照五力模型分析，立即可以判斷IBM為何將此業務拋棄：電腦行業的超級供應商，亦是最具備討價還價能力的廠商是微軟和英特爾，IBM對供應商的議價能力不高。而

隨著電腦行業的成熟，湧入了大量競爭對手，導致消費者討價還價能力增強，轉換成本低，手機替代電腦大部分功能在當年成為必然，這些都在削弱行業的贏利能力。在一條枯涸的河流中，除非能夠以「反五力」的方式將影響贏利能力的力量一一化解，否則業務將是雞肋。然而聯想終究找不到化解五力的競爭之路，電腦規模雖然越做越大，但其利潤率越發堪憂，2018年5月4日，聯想集團（00992.HK）終被香港恒生指數剔除，從2013年3月進入恒生指數至剔除，其股價跌幅為56％。而另一家公司的個人電腦殺入市場，通過設計自身的作業系統，免受供應商微軟的挾持，以獨特的產品和品牌讓消費者排隊購買，設計的生態應用讓潛在進入者和替代者難受——這家公司就是約伯斯創立的蘋果。蘋果一直在化解五力。

壁壘與轉換成本式增長

　　然而在競爭結構的視野下，「反五力」驅動的增長還可以向前推演，進入不受外部力量干擾的境界——所謂企

業能夠不受外部力量所擾，本質上是企業擁有巴菲特所言的「護城河」，而建立護城河，本質上就在接近前文中提到的競爭中的「人為的壟斷效果」。巴菲特發現，無論如何也打不垮的卓越企業才擁有真正的護城河，而他本人在致股東的信中寫道：「美麗的城堡，周圍是一圈又深又險的護城河，裡面住著一位誠實而高貴的首領。最好有個神靈守護著這個城池，護城河就像一個強大的威懾，使得敵人不敢進攻。」護城河理論是巴菲特的伯克希爾——哈撒韋公司從市值1000萬美元猛增到4000億美元的重要理論基礎。其合夥人芒格又狠狠補充了一句——「面對護城河，競爭有害健康」。

反五力提出了競爭結構的策略指引，而護城河給出最優的趨向結果。在擁有護城河的情況下，企業業務的增長才可以做到「靜水深流」。護城河也可以通俗地表達為壁壘，而一家增長卓越的公司的壁壘應該讓其業務「對手進不來，客戶出不去」。如果沒有壁壘或者護城河，企業的業務增長會進入一種被我稱為「賊船型業務」的困境，即業務不斷發展，但是客戶不斷流失，沒有形成一個穩定的正向疊加結構，難以聚沙成塔。矽谷有一本書叫作《閃電

式擴張》，其核心內容是公司以驚人速度達到龐大規模的一般框架和具體方法。閃電式擴張意味著你願意為了速度而犧牲效率，但不會確知這種犧牲能否得到回報。一家公司就像是跳下了懸崖，並在下落過程中組裝一架飛機，在落實前還沒能起飛，飛機就要墜毀。國內這兩年關於閃電式擴張的例子很多，滴滴和快滴、摩拜和ofo、拼多多、瑞幸咖啡，都採用了閃電式擴張打法，迅速占領了市場。但是必須指出，如果閃電式擴張後不能形成業務護城河，這種擴張模式對企業來說是極其危險的，瑞幸就是典型的例子。那究竟什麼是護城河？

　　1993年，巴菲特在致股東的信中首次提出了「護城河」的概念。巴菲特說：「最近幾年，可口可樂和吉列剃鬚刀在全球的市場占比還在增加，它們的品牌威力、產品特性以及銷售能力，賦予它們一種巨大的競爭優勢，在它們的經濟堡壘周圍形成了一條護城河。」

　　我們看到巴菲特投資了美國航空公司，投資了可口可樂，即使美國航空公司給客戶的服務體驗如此之差。我經常說一個更通俗的比喻，擁有護城河就好比業務外面有深深的河水環繞，當競爭對手殺過來時，他們必先渡河，此

時你可在護城河上開弓射箭，致使敵人一半兵力在登陸前就損耗掉。

可怕的是，我們所認為的很多卓越的因數，都不是巴菲特眼中的護城河，巴菲特說：「優質的產品不是護城河，卓越的管理不是護城河，這些固然不錯，但是它們不叫護城河。」他甚至還說了一句狠話：「護城河比CEO還要關鍵，經濟護城河是一種結構性的優勢。」可惜的是，巴菲特只提出了這個概念，沒有去剖析和解釋。

關於護城河，國際權威投資評級機構晨星公司專門安排了一支隊伍進行研究，最後給出其定義——「護城河就是企業常 年保持的結構性特質，競爭對手難以複製。護城河能夠保護企業面對外來競爭的影響，讓企業在更長時間獲得更多的財富。」晨星公司提出護城河的四個要素，分別是無形資產、低生產成本、網路優勢以及高轉換成本（見圖4-4）。這四大要素在我的《增長的策略地圖》中有專門介紹，這裡就不再贅述。

但是，如果對這四個要素做減法，減到極致，其實對於企業競爭來說，最關鍵的就是一個——轉換成本。一旦業務具備高轉換成本，則意味著競爭對手進入成本高，難

圖4-4 護城河模型

品牌、專利和智慧財產權、監管牌照（特許經營）

體現在低成本的流程優勢、獨一無二的資源稟賦和相 對較大的市場規模優勢

與競爭對手相比的網路規模優勢。網路的價值隨客戶數量的增加而增加（麥卡夫定律）

替換原有產品或服務可能需要消耗消費者或者使用者的時間、勞動成本、長久習慣，甚至帶來潛在風險（如更換銀行帳戶、更換企業資料庫和財務軟體）

以進入，客戶退出成本高，難以流失，於是企業的增長設計就正如巴菲特所言的「滾雪球效應」，能夠形成正向迴圈。轉換成本的完整概念最早亦由麥可·波特在1980年提出，指的是客戶更換產品或供應商時所產生的成本。形成高轉換成本的目的是讓使用者難以割捨，形成壁壘。比如10年前中國的航空公司沒有一家是獲利的，但現在不一樣了，很重要的一個原因是航空公司在這10年中所建立起的常旅客系統，造成會員為獲得航空積分而更偏向於常旅客航空。

轉換成本滲透在企業競爭的各個角落中，其不僅僅反映在金錢上，還應包括時間、消費者的學習成本、消費者認同感的遷移等等。轉換成本還可分為進入成本和退出成本，因此好的市場戰略模型就是設計轉換成本高的增長模式：讓客戶進去後很難退出來，同時讓其他競爭對手進不去。

如果轉換成本低，新企業就容易進入。新的競爭者進入後，如果你存留的客戶極容易轉移到其他公司，你之前的投資就會受損，這也是瑞幸、OYO等一系列新興公司碰到的窘境。很多企業認為，只要讓客戶滿意，就會留住客

表4-2 轉換成本設計模型

	程式型 轉換成本	財務型 轉換成本	關聯式 轉換成本
防守			
進攻			

戶，這在市場學的實證研究中已經被證明是一個幻想。尤其是在快速消費品市場中，本來商品的實質性差異就小，因此品牌成為構建壁壘的核心要素，寶潔、歐萊雅都在市場廣告上投入幾十上百億元的費用，就是在構建壁壘。然而，當每一代人群變成主流消費者，新興品牌又存在進入市場的機會，完美日記如此，泡泡馬特如此，鐘薛高也如此。

然而轉換成本有沒有內在結構？它可以分為三大構成維度，程式型轉換成本、財務型轉型成本和關聯式轉換成本，並按照「進攻和防守」形成結構（見表4-2）。所謂「進攻」，是指企業進入其對手業務，降低其客戶的轉

換成本；而所謂「防守」，指的是提升自身客戶的轉換成本，讓競爭對手攻不進來。進攻與 防守，如一矛一盾，只有攻守兼備，才具有結構的價值。

程式型轉換成本是指顧客在時間和精力上的付出成本，比如要轉換供應商，就可能需要重新搜索、比較和評估資訊，而大多數人不願意輕易改變。財務型轉換成本是指顧客可計量的財務資源的損失，比如某航空公司的常旅客如果退出，可能使之前的航空積分作廢。關聯式轉換成本是指顧客在情感上或心理上的損失，比如客戶關係，比如對某些品牌的情感。

先看第一個維度，程式型轉換成本。比如有人經常去買同一品牌的啤酒或經常進同一個品牌的餐館，這在消費者行為中可以稱為「習慣性購買」。這背後有很多原因，比如消費者試用新產品會有試錯成本，比如重新調整體驗預期的危險，包括「好不容易找到適合自己的產品，如果更換產品可能不合適」的心理轉換成本，但這些更多表現為一種行為習慣。

大概10年前，一家英國諮詢公司的朋友來我在北京的辦公室交流，給我展示了PREZI 演示的效果。我當時非常

震撼，因為PREZI的演示效果起碼比Powerpoint的演示效果好20倍不止。然而10年過去了，PREZI仍然是一款在設計師和工程師這個小圈子內流行的演示軟體，市場上99％的用戶還是在使用Powerpoint。是PREZI的功能不夠強大嗎？不是，真正的原因在於大量客戶從Powerpoint切換到PREZI存在極高的轉換成本，這種轉換成本包括工作過程中需要合作夥伴也會使用PREZI 軟體，更包括學習一種新軟體產品的成本。PREZI似乎還沒想到如何去降低客戶的程式型轉換成本。

　　第二個維度是財務型轉換成本。我自己的手機號碼簽約的是某營運商，但是在諸多場景下信號比其他營運商弱，我堅持投訴了10年，但是始終沒有換成其他營運商的號碼，這就是轉換成本的原因。更換營運商，要取消現有的合同，辦理複雜的手續，重新選擇新的號碼，而最難的一點在於，需要告知原有的商業夥伴我更換了號碼。由於以前大量商業夥伴都存有我的手機號碼，所以貿然更換可能會因失聯而導致商業損失，這就是財務型轉換成本。換句話講，新的營運商想要挖走原有營運商的客戶，遠不止要提供更好的網路。

目前而言，利用財務型轉換成本建立壁壘最常用的方式就是忠誠計畫，如超市可採用與航空公司類似的「常旅客計畫」，獎勵經常到超市購物且達到一定量的消費者。在有選擇的情況下，消費者傾向於選擇自己持有「會員卡」的超市，以便獲得各種獎勵。一旦消費者轉換到另一個超市，以前的積分可能就被放棄或者被推遲兌現了，從而產生財務型轉換成本。

第三個維度，關聯式轉換成本。最典型的體現就是品牌，它在企業與客戶之間建立情感聯繫。在B2B行業中，關聯式轉換成本會更明顯一些，直接反映在客戶關係中。因為B2B公司的業務開展更多是通過長期的人際交流互動形成。長期形成的人際協作成本、信任成本都是B2B在建立自己持續交易基礎的過程中需要強化的。我在給寶鋼集團做顧問的時候就發現，寶鋼有一批商務人員甚至在重要客戶的辦公室或工作室裡長期辦公，雙方所建立的連接與協作的順暢度超過任何一家競爭對手，寶鋼將其業務品牌的定位表述為「最佳合作夥伴」，其建立的高轉換成本穩定了寶鋼的增長基石。

轉換成本給我們調整競爭結構、制定增長戰略提供

了重要的啟示。從防守的方向來看，企業要提升自己客戶的綜合轉換成本。比如聯通為了獲取高端客戶，最早採取與蘋果手機iPhone進行綁定，客戶簽約三年以上則贈送iPhone，但如果客戶在三年內換號，將會支付違約金，這即是建立財務型轉換成本。而三年內客戶一旦長期使用該營運商的號碼，則會形成程式型轉換成本，因為通知以前所有知曉號碼的朋友換號，相對比較麻煩。對於一些VIP客戶，營運商開始提供獨特增值服務，提升其品牌向心力，於是又可以構建出關聯式轉換成本。

而從進攻的方向來看，企業要降低其競爭對手的客戶轉換成本，即讓其對手的客戶可以輕易轉換到自己的業務上來。比如小米早期就把手機賣得極其便宜，在各地開設小米之家，不斷進入其他電子設備、玩具甚至箱包等領域，雷軍宣稱「小米的綜合淨利潤率不超過5％」，這種不斷降低其他客戶轉換成本的方式為小米早期的高速增長提供了客戶基數，這是降低客戶轉到小米的財務型轉換成本。而之後，手機和小米電視作為入口級產品接入客戶，圍繞AIoT（人工智慧物聯網）產品線的衍生，讓這些產品之間進行互聯互通，使得小米產品的易用性遠遠大於其他

品牌，增強客戶的便利與偏好，使得其競爭對手構建的程式型轉換成本與關聯式轉換成本降低，甚至失效。

從亞馬遜到龍騰出行：如何在競爭中建立壁壘

客戶與競爭是市場經濟永恆的主題，而能否在其結構中取勝以求得增長，是企業操盤者思想深度與力度的體現。亞馬遜是設計壁壘、構建轉換成本的高手。說到這裡，就不得不提到亞馬遜三大核心支柱─亞馬遜電商交易平臺（Amazon Marketplace）、亞馬遜雲服務（Amazon Web Services，AWS）、亞馬遜Prime會員（Amazon Prime）。從需求端看，Prime會員本身就是前兩大支柱的「支柱」，沒有超級會員池，流量再大，流量池也最多算個漏水池，Prime會員是亞馬遜的護城河與重要壁壘。

2021年1月，亞馬遜公佈了最新的Prime會員數量：「亞馬遜在全球擁有了超過1.5億Prime付費會員。2020年，亞馬遜Prime在全球配送了超過100億件商品。」1.5億會員，眼睛一閉一睜，150億美元會員費入帳，更何況Prime

會員還是在亞馬遜上購物金額和頻度平均5倍於非會員的超級用戶。

關於Prime會員服務，有幾組令人吃驚的數字：10.7％的美國人都是亞馬遜Prime會員；38％ 的美國家庭都在使用亞馬遜的Prime會員服務；平均一位Prime會員每年在亞馬遜上花費1200美元。作為對比，一位非會員平均每年在亞馬遜花費400美元。2018年，亞馬遜股價累計上漲了30％，標準普爾500指數同期則下跌了6.7％。另一個資料更可怕，亞馬遜美國Prime會員續費率高達90％。在全球市場上，亞馬遜用各種方法去鞏固其競爭壁壘。

例如，2015年11月，亞馬遜推出首家線下實體店Amazon　Books，截至2019年共開闢16家實體店。在美國西雅圖，我們可以看到亞馬遜的實體店除了布局圖書之外，還有其Kindle閱讀器和Echo智慧音箱的展示。一家線上公司的線下化，是在刷實體的存在感嗎？其中一個重要的戰略目的在於增加Prime會員數量，優化客戶體驗，深化與客戶的關係，並以此提升財務型轉換成本。線下實體書店的圖書並沒有直接標價，客戶需要用亞馬遜軟體掃描才可以看到價格，並識別出Prime會員與非會員的價格差異，這

讓用戶更有切膚之痛，想成為Prime會員。

除了提高Prime會員的財務型轉換成本，亞馬遜也力圖從程式型轉換成本入手，強化其壁壘。亞馬遜在2015年年末，針對Prime會員在美國推出一鍵下單的小型終端「亞馬遜 Dash」。以前亞馬遜的客戶需要登錄其購物網站進行下單，現在只需要用Dash按鈕就能輕鬆購買商品。使用者將亞馬遜的Dash按鈕放在日常生活的地方，Dash按鈕上印有該商品的品牌圖示，只用按下按鈕，亞馬遜就會送貨上門。由於Dash對應的商品大部分屬於易耗品，比如洗衣粉、可口可樂等，使用者不需要花費太多時間、精力去選擇。亞馬遜讓客戶好用、快用、常用，目前有部分商品的Dash下單銷售額已經占到了其亞馬遜線上訂單銷售額的50％。

關聯式轉換成本的提升亦是亞馬遜設計的重要項目。亞馬遜在2017年推出智慧語音助手Amazon Echo的攝像頭EchoLook，這個攝像頭專門把鏡頭對向消費者，用戶可以存留每天的服裝搭配照片，而Echo Look可以依據資料給予客戶「搭配建議」，這也是亞馬遜提升關聯式轉換成本的動作之一。另外，亞馬遜收購全食超市一個最重要的原

因就是兩者會員結構的重合，它們共同的客戶都是「追求優質生活的中產階層」，全食客戶中60％是亞馬遜Prime會員，因此兩者之間可以形成協同，比如交叉銷售、個性化定價，有效增強客戶的體驗和價值感。

　　通過三大轉換成本的結構設計，亞馬遜不斷增強自己在用戶埠的壁壘，在歐美市場的護城河不斷加固。

　　但同樣是如此卓越的亞馬遜，在中國市場並沒有處理好競爭壁壘的問題。2019年7月18日，亞馬遜電商退出中國，震驚業界。這個市值曾突破萬億美元，按照美國時間2019年5月14日收盤的市值算，是阿里巴巴市值的2.04倍的美國頭號互聯網公司，在中國的電商業務市場占比從曾經的15.4％一路降到0.8％，潰敗到還不如一個天貓大賣家。

　　這裡很大一個因素也與壁壘相關。在中國市場，Prime會員自2016年被引入，戰果與美國市場有天壤之別。亞馬遜從未公開披露過中國Prime會員的數量，但是從各種管道的資訊得到的結論是會員量少之又少（之所以如此失敗，與客戶結構相關——把歐美市場上的Prime會員權益平移到中國市場，不符合中國市場的需求，比如其最重要的權益「兩天內免費送達」在中國並不稀缺，京東

在此項業務上服務更佳）。我們可以得到一個很清晰的判斷：失去戰略護城河的亞馬遜中國，沒有龐大的Prime會員做基礎，更缺失封鎖用戶平臺轉移的壁壘，就必將陷入與京東、天貓的持久戰，看不到長週期贏利的可能性，在一場打不完的戰爭中，亞馬遜中國的電商業務成了一個資源黑洞。整個棋局中找不到增長的破局點，這對於一個極度理性的公司來說是致命的，這才是亞馬遜電商布局「撤退線」的真相。

最後我舉一個自己操盤的案例：龍騰出行。龍騰出行是一個全球化的智慧出行服務平臺，專注於機場與高鐵站商圈消費，通過智慧場景服務與移動互聯網技術全面提升用戶的出行體驗。2010年的時候，龍騰出行主要提供機場貴賓服務，發行了龍騰卡，持卡人可以在機場進入貴賓休息室。當時，龍騰卡的客戶主要來自金融行業，比如工商銀行、浦發銀行等，它們批量採購龍騰卡，然後贈送給銀行高端客戶作為銀行增值服務。2010年龍騰出行已經布局了中國53個機場的貴賓室。從商業模式來講，龍騰出行是一家輕資產的網路性公司，因為貴賓休息室租的是機場的，按照使用次數付費，商業模式構建得非常精巧。

正當龍騰布局好這個業務的時候，國際巨頭Priority Pass（簡稱PP卡）突然殺入中國市場，這個公司是當時國際上最大的機場貴賓休息室整合營運公司，商業模式和龍騰出行大同小異。國際領導型的企業進入中國市場，資源更豐富，業務覆蓋全球，這一對手的出現讓龍騰出行相當頭痛。

我那個時候給龍騰出行做顧問，出了很多諮詢建議，其中一項是通過不對稱競爭，強化差異化的產品，比如龍騰出行的會員在廣州機場可以直接走VIP安檢通道登機等。而PP卡作為全球性公司，難以在短期內為一個剛開發的市場調整策略。但最關鍵的是，幫助龍騰出行設計壁壘，讓它的增長能夠形成正迴圈。我對龍騰出行的董事長蔡可慧說：「你考慮一件事情，銀行機構從龍騰這裡採購機場貴賓服務，送給它的高端客戶的目的是什麼？」我們考慮所有問題時，第一件事就是回到目的上來。銀行的目的不是簡單讓利於它們的VIP客戶，而是通過增值服務，實現客戶黏性，進而將其VIP客戶鎖定。假設同樣兩家銀行，一家銀行提供此貴賓服務，而另一家銀行不提供貴賓服務，高端客戶自然更偏向選擇提供貴賓服務的銀行。由

於終端銀行的客戶每次在機場刷卡，都會產生資料，而銀行非常關心在中國最高品質客戶的消費行為─經常飛往的城市、出差的頻率、在機場的消費情況等。比如客戶經常出差到香港或澳門，銀行為其提供服務的金融產品可能與其他客戶完全不同。所以我提出龍騰出行應該給銀行客戶做一個資料介面，輔助銀行分析它的目標客戶。這套數據系統實施後，有什麼好處呢？這個資料越積累，PP卡要拿走這個客戶就越難，因為龍騰提供給銀行的遠不止簡單的出行服務，還包括輔助銀行服務其高端客戶，服務的時間越久，資料就越豐富，銀行就越需要龍騰出行。這樣壁壘就建立起來了，增長就自然只是時間的問題。

龍騰出行實施該策略後獲得巨大成功，在中國市場已經成為當之無愧的領導者，並積極進入國際市場，成為全球第二大機場貴賓服務商，2018年僅和中信銀行就聯合髮卡上千萬張，10年內公司業績增長100倍，目前擴張到更多的機場商圈線上線下消費業務。當年的壁壘設計有效幫助龍騰出行守護了其增長基地。

回到本章的主題─競爭結構，其核心實際上就是「反五力」與「壁壘」。最後，我們先來聊聊特斯拉的CEO

埃隆‧馬斯克和巴菲特「互懟」的故事。在2020年3月的一次雅虎專訪中，記者問到巴菲特如何看待矽谷的傳奇創業家馬斯克，巴菲特輕描淡寫地說：「我對他不感興趣，見面也聊不了幾句。」當記者追問巴菲特是否會投資特斯拉，巴菲特很果斷地回復：「不會。」兩個月後，馬斯克參加播客節目《喬‧羅根秀》，公開宣稱他認為巴菲特的工作很無聊，天天看年報只想搞明白可口可樂這類公司是否有價值。

其實，從本章我們所談的競爭結構的角度看他們的行為和觀點，兩者並無對錯，甚至都在同一張台桌上說話：巴菲特研究的是有護城河的好公司；而馬斯克所要做的，是攻入傳統造車行業的護城河，消解掉新市場中五力對其業務的討價還價能力，以構建新壁壘。兩者都致力於競爭趨向的增長，只不過角度不一樣，實則「英雄所見略同」。

思想摘要

- 市場環境中，並非只有一家企業在不斷追逐客戶，

於是競爭就成了必然。所以在談完客戶結構後，就必然過渡至競爭結構。競爭結構要回答的是，同樣追逐客戶，你的企業憑什麼取勝。只有建立在競爭上的客戶價值，才能夠成為增長的根基。

- 競爭結構指的是如何有效建立自身在行業生態中的定價權能力與壁壘高度。

- 市場戰略導向可以表達為一個公式：市場導向＝客戶導向＋競爭導向。單純的客戶導向是危險的。

- 競爭戰略形成的核心在於將公司及其所處的環境緊密聯繫起來，而「核心因素」是企業所在行業以及這個行業的結構。

- 波特五力模型的精髓是「反五力」，即如何減弱和消除五力對自己市場的影響，以獲得自身的增長機會。

- 優質的產品不是護城河，卓越的管理不是護城河，這些固然不錯，但是它們不叫護城河。護城河比CEO還要關鍵，經濟護城河是一種結構性的優勢。

- 晨星公司提出護城河的四個要素，分別是無形資產、低生產成本、網路優勢以及高轉換成本。但是，如果對這四個要素做減法，減到極致，其實對

於企業競爭來說，最關鍵的就是一個——轉換成本。

- 轉換成本滲透在企業競爭的各個角落中，其不僅僅反映在金錢上，還應包括時間、消費者的學習成本、消費者認同感的遷移等等。轉換成本還可分為進入成本和退出成本，因此好的市場戰略模型就是設計轉換成本高的增長模式：讓客戶進去後很難退出來，同時讓其他競爭對手進不去。

- 轉換成本可以分為三大構成維度，程式型轉換成本、財務型轉換成本和關聯式轉換成本。

5
CHAPTER

差異化結構

故形人而我無形，
則我專而敵分。

— 《孫子兵法・虛實篇》 —

增長結構之差異化結構圖

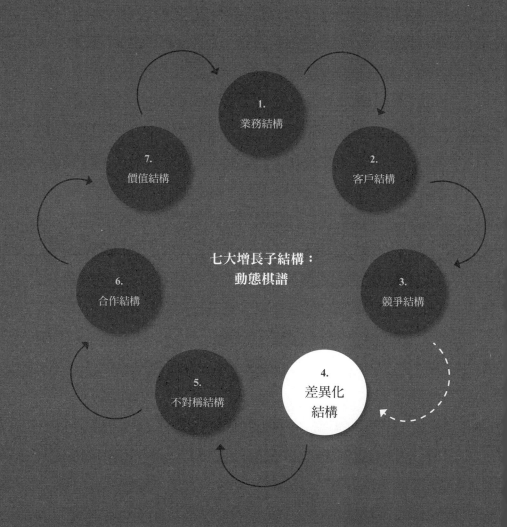

MySpace曾經是全世界最大的社交網路，因使用者可以設計個性化網頁樣式而風靡一時。與MySpace不同的是，臉書為保持風格上的統一，甚至禁止使用者隨意更改頁面，這種幾乎看不見任何個性的社交網站起初並不被看好。2005年時，臉書一度打算以7500萬美元的價格將自己出售給當時風頭正勁的MySpace。可誰承想，若干年後，當臉書成為世界上最值錢的公司之一，市值高達4900億美元時，紅極一時的MySpace卻在多次被轉賣後銷聲匿跡。究竟是什麼原因，使得臉書可以成功打敗MySpace，坐上美國社交網站的頭把交椅呢？

MySpace的創始人是個輟學後混跡搖滾圈子的天才少年，其網站一開始便依靠大量音樂人、歌手和模特的入駐打響知名度。在MySpace網站上，小眾文化也有充分的展示空間，吸引了無數叛逆的年輕人聚集。反觀來自哈佛大學的紮克伯格做出的臉書，給人一種精英自帶的距離感。網站設立初期，只有少數名校學生有資格以學校郵箱創建帳號。即便之後臉書逐漸擴張，用戶的好友構成，仍是一個又一個的小圈子。

不同模式背後是不同的客戶需求。如果說MySpace是

一個用戶展示自己個性的廣場，那麼臉書就是一個個可以互相串門的私宅。對於很多年輕人而言，如若他們的喜好在現實生活中不被大眾接受，那麼獲得尊重、認同的訴求就寄託在了互聯網世界。用戶們更像是把MySpace當作一個自我展示平臺：不斷美化個人頁面、發送消息，只是為了「讓更多人瞭解我」。但臉書的用戶好友，大多是添加自現實生活中的家人朋友，對於他們而言，只是偶爾關心彼此的生活狀態，發掘更多的共同話題。臉書存在的意義，在於「讓我看看身邊人」，增進用戶間的友情與親情。

不同的使用者需求指引著產品設計的不同方向，又反作用於用戶（見圖5-1）。為了滿足用戶展示自己的需求，MySpace在個人主頁設計方面給予了用戶充分的自主權，每位用戶都可以編寫自己的主頁樣式，而那些不懂得程式設計的使用者，也有海量範本可供挑選。相比之下，臉書則把精力放在了公共頁面上，設計的宗旨便是如何更好地幫助用戶維護已有關係。為此，臉書設計了一套名為Feed的系統，可以根據使用者的流覽歷史，計算其對各類內容的喜好程度，並以此為依據將資訊進行排列組合後推送至每位元使用者的公共頁面。簡單來說，這就是早期的

圖5-1 臉書與 MySpace 的差異

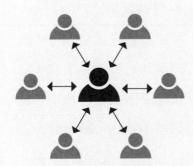

臉書：
讓身邊人更瞭解彼此

利用 Feed 系統實
現個性化內容推薦

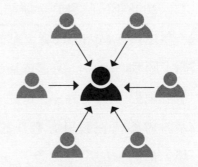

MySpace：
讓更多人瞭解我

在個人主頁設計方面
給予充分的自主權

「猜你喜歡」。通過Feed系統，使用者可以輕易去到任何一個他感興趣的頁面。

不同於MySpace把營運重點放在主頁設計，臉書依靠Feed系統實現的個性化內容推薦進行使用者與內容裂變。有了Feed系統，使用者每一次更新所看到的可能都是不同的內容，臉書使每分每秒發現新事物成為可能，給人一種即時互動乃至身臨其境的感覺。

2008年，臉書的全球訪問用戶量首次超過MySpace，一年之後，MySpace聯合創始人承認臉書在這場競爭中取得了勝利。至今，臉書依舊屹立於全球社交網站之巔。在著名電影導演大衛·芬奇的《社交網路》這部影片中，提及臉書如何在競爭與增長的領域脫穎而出，如入無人之境，電影裡的小祕只說了一個詞「Differentiation」——差異化。

從競爭結構到差異化結構

上一章我們剖析的是競爭結構，其核心是如何獲得「

議價能力」與建立「壁壘」。正如巴菲特的好搭檔查理‧
芒格在談及「壁壘」時所言：「在護城河的壁壘之下，進
攻者先得渡河而攻之，此時高壘的城牆上亂箭齊飛，這種
對抗性是一種極大的威懾。」然而，並非所有的公司都能
有效形成對抗競爭五力的結構壁壘，在面臨對手的威懾之
時，企業還可以獲取哪些增長的機會？

　　2004年，麥可‧波特教授訪問中國，私下講了一個極
其有趣的故事：在加拿大的東北部有一個島嶼，生活著一
些印第安人部族。他們以狩獵為生，延續千年，而周圍的
其他種族在人類大歷史週期中已經銷聲匿跡。人類學家和
考古工作者懷著極強的好奇心，去研究此島上遠古部落的
狩獵模式，最後發現這些部落的狩獵模式可分為兩種。第
一種狩獵模式依賴部落獨特的「演算法」，有點像我們今
天諸多企業所做的「戰略規劃」——觀察和記錄以前哪些
地方獵物最多、哪些地方沒有洪 水猛獸、哪些地方水草豐
美等，再基於這些指標進行分析，找到自己的進攻方向。
而第二種狩獵模式則顯得有些「無厘頭」，其狩獵方式建
立在原始圖騰崇拜之上，有點像中國商周時期的占卜。他
們把獸骨放在火上烤，直到烤出裂痕，然後依據裂痕所包

含的資訊，比如裂痕的紋理，來判斷獵物出現的方向。換言之，第一種狩獵模式是「精心規劃」的，另二種則近乎怪力亂神般的巫術。波特先生當時笑著問在座的企業家：在這兩種狩獵模式下，各位猜哪一種部落留存至今？

無出意外，我記得當時幾乎所有在場的企業家都把票投給了採用第一種狩獵模式的部落。而波特先生來了一個「意外反轉」──根據考古學家和人類學家的實證結論，採取第二種巫術式方法的部族居然延綿至今，而其他大多數採用所謂「精心規劃」狩獵方式的部落卻在人類演進週期中全部消失！

對於企業決策者而言，知道「Why」（為什麼）永遠比知道「What」（是什麼）和「How」（怎麼樣）重要得多。波特先生對這個似乎「反常識」的答案是如此解讀的：因為整個島嶼上原本存有多個狩獵部落，那種「精心規劃」的狩獵策略，看似完美無缺，能判斷獵物之所在，但是背後的致命危機在於「其他狩獵部落的行為趨同」。這些部落都向獵物聚居、水草豐美的地方奔去，形成了波特在1996年所寫的《什麼是戰略》這篇雄文中所提出的「競爭合流」。這些部落還沒有看到獵物，就在通向獵物的路上

搏殺起來，造成「合流」區域異常殘酷的競爭。當然，還
有一種可能是由於大家都在這裡狩獵，使得獵物很快被獵
完，造成無食可分的局面。而另一種看似極其不靠譜的「
巫術式」狩獵，卻因為避開競爭而使部落留存至今。

　　在2004年的北京，波特最終將這個故事引導到了戰略
的核心──差異化。巫術式狩獵部落的存活，如果說有邏
輯，那這個邏輯就是「差異化」，它看似「不靠譜」的奇
幻做法，卻使其避開競爭，獲得生存與成長。但是，究竟
什麼是差異化呢？好壞差異化背後那條金線是什麼呢？差
異化增長戰略背後有沒有結構底牌？在此，我先拋出「差
異化結構」的定義：驅動企業市場增長的差異化要素的有
效組合，以形成不同於競爭對手的增長引擎，它包括資源
的差異化、模式的差異化以及認知的差異化。

差異化的結構：三層差異

　　在戰略理論、市場學理論當中，差異化這個詞語是
出現頻次最高的，因為這是市場學和戰略學的精髓。但

是，波特告訴了我們企業要做差異化，卻沒有告訴我們
如何進行差異化。波特在他的戰略三部曲《競爭戰略》
（1980）、《競爭優勢》（1985）、《國家競爭戰略》
（1990）中反復提及「差異化」，但是並未將其抽象出一
個結構。波特在《競爭戰略》一書中說：「差異化戰略，
是將產品或公司提供的服務差別化，樹立起一些全產業範
圍中具有獨特性的東西。」實現差異化戰略可以有許多方
式：設計名牌形象，設計技術、性能特點、顧客服務、商
業網絡及其他方面的獨特性。最理想的情況是公司在幾
個方面都有其差異化特點，例如履帶拖拉機公司開拓重工
（Caterpillar）不僅以其商業網絡和優良的零配件供應服
務著稱，而且因其優質耐用的產品品質享有盛譽。不得不
說，這有點讓人疑慮，因為哲學裡講「世界上從來沒有同
一片樹葉」，古希臘的赫拉克利特甚至說得更絕對：「人
不能兩次踏進同一條河流」，萬物皆變，萬物皆異，那差
異化究竟指向何種靶心呢？

　　我高度推崇波特，波特的學說在商業理論中呈現出一
種難得的理性結構，但我們可以進一步在微觀上將其理論
推進。進一步破解「差異化」，對企業界有極大的推動意

義——每個企業都在說「差異化」，但是企業的差異化戰略一落到競爭的棋盤上，就極容易陷入紅海，這是一個窘境。因此「差異化」需要進一步「結構化」，否則在市場戰略中極容易陷入理論與實踐背離的境地，這種背離的情況就好比一幫老鼠在一起開會討論如何防止貓對鼠群的競爭，開會的結果則是在貓的脖子上綁一個鈴鐺，等貓過來的時候就可以聽到聲音了，但誰去綁呢？眾鼠無言。

　　商業理論要落實於本質與情境中，才能「運用之妙，存乎一心」。同樣是差異化，在不同企業、不同情境下，其方向並不相同。比如說很多人提到差異化打法，就落實在品牌認知上，但這並不是李嘉誠旗下企業布局差異化的重點，它們恰恰是集中布局資源上獨一無二的優勢，即資源的差異化；再比如說，我們熟知的哈佛商學院經典案例中的美國西南航空，它在資源上並不占優勢（1972年成立時，成熟且利潤較高的長途航線已被瓜分完畢），卻通過把資源進行差異化的有效組合，進而構成模式上的差異化，以重構商業模式，成為世界航空史上增長最快，利潤也最好的公司之一。

　　企業要建立差異化，可以布局的要素有很多，我想在

波特理論的基礎上，再推導一個結構性公式：

差異化結構＝
資源差異化＋模式差異化＋認知差異化

　　差異化結構由三個層級構成，資源差異化、模式差異化以及認知差異化（見圖5-2）。這種差異化布局的優先順序順序是從前到後的，企業布局可取其一，當然如果三個層級全部實現，差異化驅動增長的勢力就做到了極致。

　　先看公式的第一項——資源差異化。資源差異化的意思是，我們有一些稀缺資源，而競爭對手沒有，於是便可在競爭中獲得優勢。比如鑽石行業，如果公司能控制供應鏈上游的鑽石開採，以控制礦源，那麼在資源的布局上已經可以領先於競爭對手。我的一位企業家好友即通過此思路控制住了西非加蓬的森林，向中國和世界其他國家輸出木材，掌握著高端木材行業的定價權。當然，遺憾的是，並不是所有公司都能控制關鍵資源，這需要極大的勇氣和投入。

　　於是乎，就有第二種差異化的思路，即公式的第二項

圖5-2　差異化結構

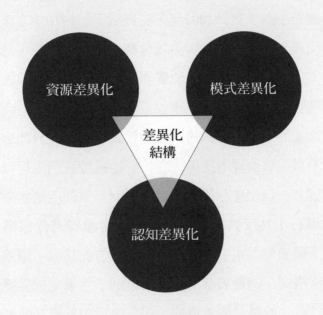

「模式差異化」。同樣在鑽石行業，並不是所有的企業都能掌控上游。眾所周知，鑽戒的銷售一向以高單價、高毛利為特點。而對於鑽石資源的掌控，決定了一家鑽戒零售企業利潤區的大小。如周大福就和戴比爾斯建立了深度戰略合作關係，並且還在南非布局鑽石礦。但是行業內卻有

另一家公司—鑽石小鳥，通過模式差異化擴張增長。

鑽石小鳥成立於2002年，在發展了短短10年之後，營收規模達到近10億元。與傳統珠寶商不同，鑽石小鳥選擇的是基於互聯網的C2B（消費者到企業）定制銷售模式。傳統珠寶企業一般都會注重線下銷售，通過在核心商業區開設大量的門店進行銷售。這種模式的優勢在於門店有大量的現貨可供消費者挑選，在核心地段開設門店可以彰顯品牌實力，但往往存貨的價值就占到一家門店銷售額的一半。鑽石小鳥反其道而行，一方面對鑽石進行標準化，將線下銷售的方式引流到線上，另一方面採取了鑽戒定制的預定模式。消費者線上上就可以通過官網完成從挑選鑽石、選款、虛擬試戴等環節，滿足客戶對於產品的個性化需求。同時因為鑽石小鳥差異化模式創新中省掉開設店鋪等諸多成本和中間環節，讓客戶可以以低於同品質產品40％~50％的價格買到心儀的鑽戒。為了保證體驗，鑽石小鳥還將節省下來的資金用於開設線下體驗旗艦店。但不同於傳統珠寶企業，鑽石小鳥體驗店選址一般在寫字樓內，這樣租金成本只有傳統模式的1/8。在這樣的差異化模式下，鑽石小鳥的庫存周轉率也領先於行業：傳統門店銷

售2000顆鑽石一般需要1~1.5年，而鑽石小鳥只要1.5~2個月，周轉速度提升了7倍之多。鑽石小鳥重構利益相關者之間的交易模式，即商業模式差異化，這是在資源一定的情況下，優化資源的使用結構。

在這條思路上，你就不難理解，談及商業模式最高頻率的為什麼是互聯網領域，因為這個行業中資源並非稀缺項，基礎技術平臺已經建成，而新興公司都是通過對要素重組突圍而出，獲得增長。比如網路訂票行業，有攜程、Booking，也有飛豬和Priceline，外部資源並無差異，但這些公司並非同一個模式，結果都獲得了差異化的生存和超速增長。

商業模式上的差異化和愛迪生發明電燈一樣，都是一種偉大的創造。但並非每個企業家都有「妙手偶得」般的幸運，能找到自身企業模式差異化的增長方式，所以不得不把棋局往下再推一步，當資源差異化、模式差異化這兩顆棋子下完之後，還有沒有其他差異化的棋子呢？

這就是公式的第三項—認知差異化。當在資源、模式上無法與競爭對手形成差異，構建認知上的差異化則成為關鍵一步。所謂認知差異化，理解起來非常簡單，即本身

產品實體差異不大，但消費者和客戶則偏執地認為不同，這種差異化是建立在客戶「心智」之上的。就好比賣的都是可樂，一瓶是可口可樂，另一瓶是百事可樂，但在它們的核心客戶的認知中，這些同樣是糖漿水的飲料，本質上是存在區別的。就像我去印度旅行的時候，發現這個國家的年輕人普遍喜歡喝百事可樂。剖析到這裡，你可能會明白，這就是市場行銷中品牌的作用了，後面我們會把它上升成一個認知差異化「點—線—面—體」的層次結構。

《孫子兵法・謀攻篇》中講：「上兵伐謀，其次伐交，其次伐兵，其下攻城。攻城之法，為不得已。」這裡三個維度上的差異化，就是幫助企業決策者避免「其下攻城」，企業可以通過差異化實現增長，達到兵法上講的「不戰而屈人之兵」。

差異化公司第一項：資源上的差異化布局

回顧一下我給出的差異化公式：差異化結構＝資源差異化＋模式差異化＋認知差異化。我們先從第一項切入。

　　既然談到資源上的差異化，就必須講清楚什麼是資源。寫《好戰略，壞戰略》的理查‧魯梅爾特、達特茅斯學院的瑪格麗特‧皮特瑞夫（Margaret　Peteraf）以及俄亥俄州立大學的傑恩‧巴尼（Jay Barney）開創了戰略領域的資源學派，他們引入經濟學（而非傳統管理學）的分析方法，提出「相同領域中企業增長業績的差異，來自對資源使用效率的差異」。

　　傑恩‧巴尼給出了一個公式——「資源＝有形資產＋無形資產＋能力」，提出企業如果能將資源啟動並槓桿性地使用，則能獲得高增長和收益，而關鍵資源是最能驅動企業增長的資源。對於如何判別關鍵資源，傑恩‧巴尼提出四個判斷標準：　經濟價值，即能不能幫企業創造潛在收入；稀缺性，即資源是否難以獲得；模仿困難性，即是否容易複製或被抄襲；不可替代性。這四個關鍵資源組合在一起，取各自第一個字母，就是著名的「VRIO 框架」。

　　我想簡化這個判斷標準。既然是「資源」，那麼其本身必然具備「經濟價值」，所以我按照資源稀缺性和資源延展性（即資源是否可以延伸到其他業務領域）兩個維度，把資源劃分為四種類型，分別是咽喉型資源、槓桿型

資源、瘦狗型資源和輻射型資源（見圖5-3）。

　　第一種類型是咽喉型資源，稀缺性高是這種資源的特質，擁有這種資源相當於占領了行業中的「戰略咽喉」。比如醫藥行業中的原研藥、疫苗等，但是可以延展的範圍比較小。第二種類型是槓桿型資源，它亦具有非常高的壁

圖5-3 資源的四種類型

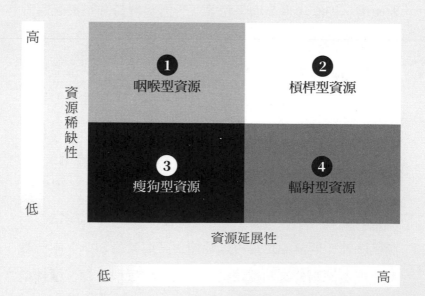

疊性，但其特點是延展性強，可以衍生到其他業務中，甚至具備建立生態系統的潛力。比如微軟的 Windows 系統、谷歌的安卓系統等，都屬於這類資源。第三類是瘦狗型資源，既不稀缺，也不具備很好的延伸性。例如仿製藥，其成分和療效已經相對公開，此類資源並非不能夠創造利潤，但企業只能夠通過其他方式來建立護城河，比如建立品牌。第四類是輻射型資源，雖然不具有很強的稀缺性，但是延展性好，具有槓桿效應，比如機場或者高速公路上的高架廣告位、電商平臺，如果要用這種資源形成差異化，關鍵在於規模效應。

這四個象限把資源區分出不同的類型，而如果從資源差異化的角度看，咽喉型資源以及槓桿型資源才是企業布局差異化的要塞點。

咽喉型資源布局最經典的案例是戴比爾斯控制鑽石礦源。很少人知，所謂「鑽石恒久遠，一顆永流傳」，讓鑽石與愛情畫上等號的就是戴比爾斯。它通過包裝廣告的轟炸不斷刺激需求面，同時又在源頭埠進行供給面的控制，形成咽喉型資源的布局，並人為造成供求關係的不平衡，使得鑽石價格不斷上漲，這背後其實有一隻「看得見的手」。

　　戴比爾斯熟知，鑽石行業的發展關鍵在於對咽喉型資源的控制。19世紀發現的豐饒的南非鑽石礦導致鑽石的價格直線下降，戴比爾斯於是在棋局上形成人為性壟斷——其下設五家重要的子公司，分別管理寶石級鑽石原石與工業級鑽石原石的統購與統銷，並通過投資控股形式在世界各地開採鑽石，所產鑽石的價值為全球總產值的一半，再通過與主要鑽石生產國簽訂協定進行週邊市場收購，成功控制全球鑽石90％的供應量，製造「人為稀缺」。1986年以後，鑽石的價格開始以5％~15％的增值幅度逐年穩步增長。

　　而對槓桿型資源的控制，能形成差異化的價值更大，這就是華為對5G技術的布局。

　　截至2019年，華為在5G研發領域投入過千億元，已與全球營運商簽訂60餘個5G商用合同，累計發售約15萬個基站。據估計，2030年5G可帶動17萬億元的產出，將成為下一代經濟增長引擎。華為在此資源上構建了1＋8＋N的全場景戰略：以1部手機為入口，8款常用產品為輔助，讓智慧硬體設備覆蓋生活中的N個場景。預測到2025年，全球將有400億智慧終端機。華為對5G核心資源的控制，讓其

在未來萬物互聯時代擁有先發競爭優勢，這才是歐美對手企業所懼怕的。

在資源差異化布局的思維下，企業要學會識別、控制與利用關鍵資源，以關鍵資源形成差異來驅動增長，尤其要對咽喉型資源以及槓桿型資源進行布局。

差異化公司第二項：模式上的差異化布局

第二種差異化為模式上的差異化，這裡的模式指的是「商業模式」，商業模式可以是企業創新並形成差異化的手段。按照學人克里斯汀森的觀點，蘋果公司推出iPod並不是發明了便攜性的播放機，其在技術上也並無突破性的創新，更沒有占有差異化的獨特資源，它的改變本質上是商業模式創新。

模式創新給了企業另一種差異化的可能──假設在資源上無法與競爭對手形成差異，可以重構這些資源的布局邏輯，形成一套新的差異化方式。西班牙IESE商學院教授克斯利托弗・佐特（Christoph Zott）指出，商業模式就是

圖5-4　差異化模式

要重組資源，形成自己創新的差異化框架。定義本身尤其重要，而清華大學的朱武祥教授對商業模式的定義我覺得最切中命脈—所謂商業模式，是利益相關者之間的交易結構。在商業模式的視角下，企業家要有將不同要素連接重組的能力，畫出連接的「輔助線」，形成要素組合上的差異，實現模式創新和增長。

我把模式上的差異化，又做出進一步區隔，它們分別是「資源連接的差異化模式重構」和「價值曲線的差異化模式重構」（見圖5-4）。

最厲害的是將平常無奇的資源進行連接重構。作為全球共享經濟的領軍企業之一，「愛彼迎」（Airbnb）2019年在全球擁有1600多名員工，共同管理著全球190多個國

家和地區的100多萬個房間，與之相比，希爾頓酒店在2015年就有近16萬員工，負責67萬間客房，喜達屋（Starwood）在2014年有18萬左右的員工，負責不到35萬間客房。作為一個僅僅成立12年的互聯網企業，愛彼迎做到了讓人瘋狂的增長速度，受到資本市場的一路追捧，甚至已經實現了盈利。這不禁讓我們想探究：互聯網企業多如牛毛，愛彼迎為何可以做到一騎絕塵？

愛彼迎成立於2008年，總部位於美國三藩市。該公司的主要產品是提供一個線上房屋短租平臺，用戶可通過網站、手機應用程式搜索度假地的房屋租賃資訊並完成線上預定程式。愛彼迎的商業模式並不複雜，簡單來說是資訊交易平臺，是O2O平臺，是共享經濟，也正如外媒形容的是「租賃領域的eBay」（見下頁圖5-5）。

先看供給面。愛彼迎最初業務的本質是將閒置的私人居住空間臨時拿出來交易，解決短期供需不平衡關係以獲得收入。與傳統酒店相比，愛彼迎最大的區別在於提供的私人住宅具有彈性的空間和不一樣的住宿體驗。私人居住空間更強調一種「場所感」，讓居住者可以在短時間內深入獲得不同房東帶來的不同體驗。能夠以這樣一種方式近

圖5-5 愛彼迎的商業模式

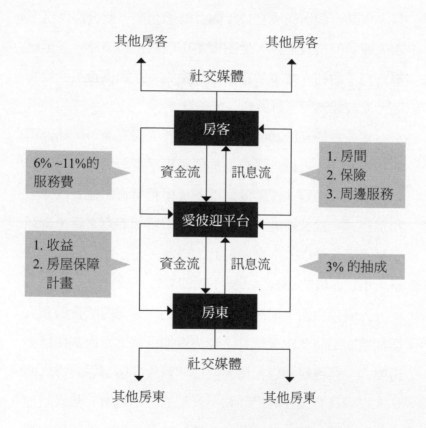

距離觀察一戶人家的生活，直接與房東交流，甚至在某種程度上是在探索他人的私人領域，這種體驗是酒店難以企及的。因此愛彼迎在創立之初就一直非常重視對供給面的打造和挖掘。無論是提供差異化早餐，還是為房東拍攝專業照片，抑或首先為房屋提供價值百萬美元的保險，都傳達了一種強烈的資訊，鼓勵供給面能夠提供更多高品質的住宿空間和服務。愛彼迎只向房東收取成交金額的3％的傭金，而向房客收取6％~11％的服務費，更是從側面印證了這一點。

　　再看需求面。回歸旅行的本質，不論是差旅還是遊玩，一個安全、舒適的住宿環境是最基本的要求。最初愛彼迎想做的事情是提供類似於沙發客這樣的廉價住宿服務，很顯然這是住宿的最基礎要求，然而對於大多數人而言，他們不是只想要一個簡陋的床墊和早餐，更喜歡漂亮的房間。在不斷發展的過程中，愛彼迎逐漸意識到這一點，放棄了低端市場——這一市場有更成熟的廉價旅店可以提供服務，轉向了更加需要差異化、品質化、高溢價的「顏值經濟」，提供高於當地廉價酒店價格的民宿房間，並在當地體驗與舒適度上大花力氣。後期愛彼迎甚至還開

通了被稱作「local-companion」（當地夥伴）的服務，該
服務可以讓遊客與當地人進行提問交流，讓當地人為你提
供購物、旅行指導、協助買票、租車、嬰兒照顧等服務。
愛彼迎試圖通過當地語系化的服務來與傳統酒店業形成差
異化競爭，通過為每一處民宿注入人文價值來實現更高的
溢價。愛彼迎的業務已經不僅僅是簡單的住宿服務，而是
多元旅遊文化綜合體驗提供者，真正在酒店住宿業打造了
一片藍海來引領增長。

愛彼迎不同於傳統酒店，它並不參與酒店房間開發與
管理，而只是將供給面與需求面巧妙地結合起來，以新的
商業模式驅動增長。商業模式被朱武祥教授定義為「利益
相關者之間的交易結構」，企業家可以通過畫「商業輔助
線」的方式巧妙串聯各種資源，在不擁有稀缺性資源的情
況下，通過交易方式利用好現有資源，實現模式差異，構
建增長。

對價值曲線進行重構也是模式差異化的另一種方式。
價值曲線是指客戶所需的某種產品或服務，可以分解為若
干要素，由於不同客戶對每個要素的需求程度是不一樣
的，所以可以依不同客戶的需求來進行差異化取捨。

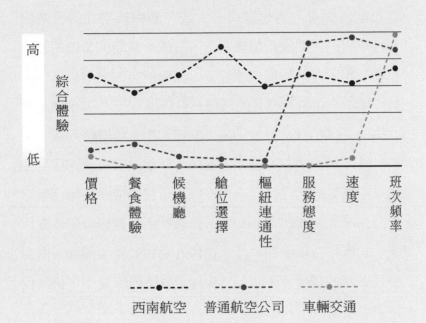

圖5-6　西南航空的差異化價值曲線

高

綜合體驗

低

價格　餐食體驗　候機廳　艙位選擇　樞紐連通性　服務態度　速度　班次頻率

西南航空　普通航空公司　車輛交通

　　價值曲線差異化最典型的案例就是美國西南航空，其在2008年金融危機中仍有大幅利潤增長，這離不開它差異化的價值曲線（見圖5-6）。當其他航空公司都在提升自己的服務時，西南航空卻另闢蹊徑，針對價格敏感的消

費者大做文章：在乘坐體驗的各方面能省則省，唯獨在價格和航班數量上遠超同行一大截，西南航空在傳統飛機和客車大巴之間進行價值組合，形成一條新的價值曲線，脫穎而出。在新的價值曲線下，西南航空的飛機成為美國航空業中空中飛行最長的飛機─平均每　天每架飛機起飛7.2次，在空中飛行12小時，這正印證了其創始人凱勒爾的名言：飛機要在天上才能掙錢。西南航空公司亦成為美國成本最低的航空公司─每座每英里營運成本比聯合航空低32％，比美國航空低39％。西南航空公司1971年成立以來，40多年持續贏利，甚至在1991至1992年美國40％航空公司破產的情境下，以及「9.11」事件的影響下，仍然保持市場增長。

　　通過分析價值曲線，可以準確瞭解一個公司在顧客感知的服務品質上的表現，進而找到差異點。如果公司可以從中挖掘出特定客戶群的潛在需求，並集中精力滿足這類需求，則能實現公司價值最大化。

　　這一方法在車險領域也同樣適用：在對比價值曲線後，「汽車里程保險」應運而生。英國保險供應商By Miles推出一項針對特斯拉汽車的保險項目，車主將按里

程付費。由於特斯拉汽車的年平均里程為4000英里，遠低於英國目前汽車的年平均里程7000英里，因此，如果按照平均里程支付車險費，相較於行業內車險最低價1246.78英鎊，特斯拉車主在By Miles只需要花費679.53英鎊即可購買車險。與一般車險計費方式不同，By Miles以實際里程為基礎來收取保費，即駕駛的里程越少，保險費就越便宜。雖然這樣做只滿足了小部分里程較少的消費者的需求，但是這一概念卻對這部分人群有著致命的吸引力。以美國市場現有的里程車險產品為例，里程較少的消費者若購買此類產品，平均一年可以節省611美元。目前此類保險迅速增長，已牢牢占據美國10%的市場占比。

　　模式創新所形成的差異，是第二種差異化布局，它假設在資源無法形成差異的情況下，企業通過重構利益相關者的交易模式，形成資源組合的差異，讓差異化再次浮現。

差異化公司第三項：認知上的差異化布局

　　瞭解資源和模式的差異化之後，我們再談如何打造認

圖5-7 認知差異化佈局

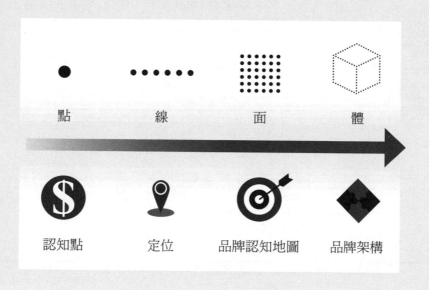

知上的差異化，即如何通過在客戶心智中建立獨特的形象來形成競爭差異。這一項更多是由品牌和客戶服務來承載的。在我看來，打造認知差異化可以從四個維度來考慮，即從點、線、面、體四個方面構建品牌的認知結構（見圖5-7）。

圖5-8　認知差異化佈局

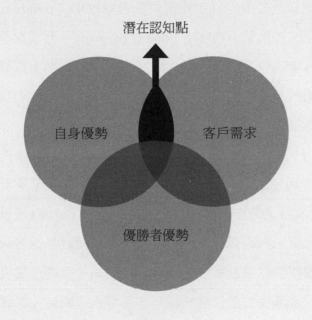

潛在認知點

自身優勢　　　客戶需求

優勝者優勢

　　首先看認知點，「認知點」這個概念很容易讓人聯想
到USP（unique selling point），即獨特的銷售主張或者買
點。USP是羅瑟‧裡夫斯（Rosser Reeves）在20世紀50年
代提出的，是一種應用於廣告創意的理論，其強調在廣告傳
播的過程中要考慮企業對消費者利益承諾、區別於競爭對手

的獨特性。科特勒在《行銷管理》中進一步表述，企業在品牌認知定位的過程中需要同時考慮POD（points-of-difference，差異點）和POP（points-of-parity，共同點），在實現POP的基礎上盡可能挖掘POD。POD就是消費者強烈聯想到的品牌屬性或利益，他們會給予正面評價，同時相信這種屬性很難同樣程度地從競爭品牌中找到。

而一個品牌的潛在認知點是否具備真正的差異性要看是否滿足三個條件：對於消費者的合意度（見上頁圖5-8），與企業自身資源能力的吻合度，以及與競爭對手的區分度。對消費者的合意度，簡單來講就是從客戶視角看這個價值點是否重要，是否容易感知。而與企業自身優勢的吻合度決定是否能夠滿足客戶需求。同時，品牌的潛在認知點還要與競爭對手的優勢進行區隔。

比如「鏈家」能夠成為中國大陸地產行業內獨樹一幟的企業，其核心原因就是上述三個圈的有效設計。客戶需求在地產仲介行業集中反映在「信任」，無法取得用戶信任是仲介行業的痛點。在行業內，充滿著傳統競爭對手的「虛假資訊」「隱瞞問題」「吃差價」亂象，鏈家要找到與競爭對手的明顯差異點，於是構建出透明交易、不吃

差價的陽光作業模式。為了讓客戶信任，鏈家系統構建自身的優勢，比如：建立房來源資料庫，為用戶提供真實有效的「真房源」；成立賠付基金，明消費者規避交易風險等。在滿足需求、區分對手以及體現優勢的認知點設計下，鏈家全方位塑造了安全、透明、可靠的品牌形象，使消費者對品牌形成了高度的信任和認知好感，累積了良好的口碑，創造出了令人驚歎的商業價值。截至2019年底，鏈家全國門店超8000家，經紀人數量近13萬人，是當之無愧的房地產服務領域的絕對領先者。

再來看「線」，其核心即回答什麼是「定位」。1972年，萊斯（Al Ries）與川特（Jack Trout）提出了定位理論，其核心為「每個品牌都需要一句話來表述它與競爭對手之間的區別」。它不僅是一個想法，還是一個可以迅速進入潛在顧客心智的想法或概念，也就是無可置疑的「rock」（意為如同岩石般堅硬有力的出擊點），因此，當時被稱提出了「positioning」—定位的概念。

萊斯和川特認為，「定位是你對未來的潛在顧客的心智所下的功夫，也就是把產品定位在你未來潛在顧客的心中」，定位是將產品在未來潛在顧客的腦海裡確定一個合

理的位置。定位的基本原則不是去創造某種新奇的或與眾不同的東西，而是去操縱人們心中原本的想法，去打開聯想之結。只要在消費者心智中進行有效的區隔，並占據「有利的位置」，你就取得了決勝的先機和增長的勢能。

　　定位裡面有個概念，叫作「認知大於事實」，這就是「攻心為上」的妙處。舉個例子：提到安全，大家想到的是富豪汽車。認知的規律是，只要你鎖定消費者心智中的這個字眼，競爭對手就難以占領，哪怕事實和認知有時並不一致。真實的情況是，美國高速公路安全協會曾為各品牌車輛做了防撞擊測試，十大安全車型中居然沒有富豪。而美國公路局於2011年公佈的資料顯示，賓士E級轎車為安全係數最高的車輛，「寶馬（BMW）7」系列位於第二，而富豪排名第三。然而即便如此，在提及「安全」概念的時候，消費者最先想到的還是富豪。

　　關於定位的案例還有很多，比如在搜尋引擎戰場上，百度首先推出了中文搜尋引擎，占領了這個心智定位，所以後來中文搜索領域的其他對手，技術再強也只能兵敗城下。市場上 缺乏「平價優質」的智慧手機，於是雷軍創立了小米，占領了「性價比」這個心智定位，小米手機成為

全球增長速度最快的智慧手機品牌。缺乏天人合一的頂級旅遊度假體驗休憩地，於是安縵酒店找出這個心智機會。「水中奢侈品」依雲將自己定位為礦泉水中的高端品牌，與同類礦泉水形成差異劃分，使消費者對其形成「高貴、純粹」的品牌認知。而為了強化這種認知，依雲一直在強調產品純淨的品質，是「來自阿爾卑斯山的大自然的禮物」。不僅如此，依雲還賦予了一瓶礦泉水獨特的文化，為其貼上精緻生活、年輕潮流的標籤，使消費者感覺喝的不是水，而是一種概念和生活方式，從而從心底認同了品牌的價值。這樣的差異化品牌認知蘊含著巨大的力量，如今依雲已在中國的高端礦泉水市場確立了龍頭地位，占據了25％的市場占比。

定位的高階是構建新品類。微軟公司的Surface系列產品就是在這種思路下誕生的。它的出現重新定義了個人電腦和平板電腦，開創了一種全新的品類─二合一個人電腦。Surface已經成為微軟增長最快的業務之一，每季度為微軟帶來超過10億美元的營收。裡斯先生反覆說，定位的最高境界是鎖定與封殺品類，這是劃分好定位與壞定位的金線。

　　講完認知差異化的「線」，我們再談談認知「面」。定位是塑造認知的方式之一，如果說品牌的定位是要「一箭穿腦」，使消費者在需要該種服務、產品或品類時，首先就想到你的品牌，那麼品牌還需要做到「一箭穿心」，即回答：雖然消費者第一個選擇了你，但他為什麼要用你的品牌呢？這就需要品牌核心價值的支撐。所謂的品牌核心價值，也就是品牌提供給消費者最獨特的價值屬性，一般有3~5個。更具體說，要找到品牌的核心價值，你可以問自己4個問題：

- 哪些價值是我公司本身所具有的本質性價值？（如果這些價值消失，公司可能就不存在了。）
- 當看到這個價值應用到公司時，我是否充滿激情？（品牌是一個非常感性的概念，首先自己要感性。）
- 哪些價值能讓我與競爭對手形成差異？
- 當我的公司、品牌、產品消失了，我希望我的利益相關者尤其是消費者懷念我嗎？（這叫作墓碑原則。比如寶馬，如果今天它消失了，可能很多人會懷念它帶來的駕駛樂趣和巔峰製造技術。比如蘋

果，如果它消失了，可能很多人會懷念它帶給我們
的產品創新以及改變世界的激情，所以，約伯斯
去世後很多消費者都哭了。比如騰訊，如果它消失
了，我們可能會懷念它帶來的便利和社交自由。）

在釐清品牌的定位和核心價值之後，我們需要把這
兩者結合起來，根據定位和核心價值去發散，形成整個認
知圖譜。舉個例子，下頁圖5-9就是特斯拉的品牌認知圖
譜，它的定位是「新能源豪華車的第一選擇」，封鎖了一
個品類，三個品牌核心價值是未來科技、高性價比、先鋒
時尚。圍繞這些基本元素，品牌認知點就可以進一步設計
與展開。

在「未來科技」的價值點上，特斯拉不斷強調自身
的人工智慧技術、擁抱大數據，以及發射火箭到太空對特
斯拉品牌進行展示，也在市場上提及特拉斯先生和愛迪生
之間的恩怨情仇，使特斯拉品牌充滿傳奇感等。在「高性
價比」的價值點上，它做了很多外形上的創新型設計，彰
顯其高檔的形象和卓越的性能。約伯斯曾說，蘋果手機的
設計要讓消費者願意拿舌頭來舔一遍，特斯拉也遵循此邏

圖5-9 特斯拉的品牌認知圖譜

輯。在這種高端形象下，特斯拉的定價並不貴，在同等性能上，具備絕對優勢的價格競爭力。在「先鋒時尚」的價值點上，在特斯拉的公關下，好萊塢的部分明星變成它的第一批用戶。特斯拉的線下體驗店和傳統汽車4S店不同，其落位在時尚奢侈品店邊上。我們看到，品牌認知圖譜是定位和外部資訊串成的一張網，它是品牌構建的核心，品牌的構建層次是遠超定位的。

最後一個層面上的認知差異化是品牌資產，我將其稱為認知上「點—線—面—體」第四項「體的差異化」。品牌資產是一切品牌認知價值累積並可以外延的總和，大衛·阿克（David Aaker）和凱文·凱勒（Kevin Keller）都有大量的研究和諮詢實踐指向企業品牌資產的構建。品牌資產是指企業銷售產品和服務所形成價值的一系列資產和負債，簡單來說包括五個方面——品牌忠誠度、品牌認知度、品牌知名度、品牌聯想、其他專有資產（如商標、專利、管道關係等），此外還包括品牌溢價能力、品牌贏利能力、品牌的顯著性差異。由於本書不是單獨剖析品牌，所以不再展開。我希望展示的是，認知差異化本身也有一套層次結構。認知上的差異化要建立在「心智」之上，而

心智上的「點、線、面、體」，幫助企業從認知點、定位
到品牌認知地圖、品牌資產進行整體設計，有效形成一個
認知差異化的層級。

自私的基因

　　本章到此，我按照我給諸多企業家做顧問的邏輯與
實踐，力求把麥可‧波特所言的「差異化」構建出結構性
的企業界藥方，簡單說來，就回到了這個差異化的結構
性公式：差異化結構＝資源差異化＋模式差異化＋認知差
異化。它最大的作用是把聚焦在競爭和增長的差異化，系
統、無死角地表達出來。

　　本章的最後，我們再次回到底層邏輯中來，即開篇我
回顧的麥可‧波特那個故事所帶來的商業啟示：企業通常
會採用相同或相似的資源和技術在同一市場上競爭，將同
樣的事情做得相對更好、更優異，效率更高，這就意味著
效率會成為競爭優勢的唯一決定因素，這種競爭優勢叫作
同質優勢。這種同質化的競爭優勢並不屬於戰略性的，而

戰略的核心在於系統構建差異化——從資源上、模式上以及認知上構建差異化。

而最後我想在這個公式上再打兩個補丁。第一，差異化的前提是對市場有用，能給消費者或整個產業鏈的某一個環節創造更大的價值。第二，差異化必須以一定的市場規模為基礎，只有確保一定的規模，才有贏利的可能。而為了差異化而差異化的業務，脫離上述條件，是不可能存活與發展的，這兩個問題亦是諸多企業採取差異化戰略時碰到的「增長窘境」。

時間回到1976年的牛津大學，理查·道金斯和希歐多爾·伯克正在聯合展開昆蟲研究，在這個基礎上，同一年道金斯出版了其巨著《自私的基因》。在書中，道金斯傾情寫道：「基因就是要把自己的存活概率最大化，這個假設下能做到的，基因代代相傳，做不到的，與宿主一樣在演進中被驅逐，而基因下的物種，都必須最終形成最適合自己的生存策略，形成穩定的生態。」換句簡單的話說，差異化亦是基因存活與演進的宿命與演算法。

2017年冬季，我在牛津大學的貝利奧爾學院散步，突然想起這裡就是「新無神論的四騎士」之一、寫出《自私

的基因》、《上帝的錯覺》等偉大作品的理查‧道金斯當年的讀書之地，不禁肅然起敬。聯想到他對生物競爭的言說，我也為自己找出了一條差異化的路徑——成為新一代原理級別的CEO增長顧問：懂得原理，剖析到本質，更懂得新興企業的獨一無二的CEO諮詢顧問。

思想摘要

- 如果企業目前的資源難以形成壁壘，難以居高成勢，則可採取其他的增長戰略，即錯位，換成商業理論上使用最高頻的一個詞就是——差異化。

- 差異化結構指的是驅動企業市場增長的差異化要素的有效組合，以形成不同於競爭對手的增長引擎，它包括資源的差異化、模式的差異化以及認知的差異化。換成公式表達即「差異化結構＝資源差異化＋模式差異化＋認知差異化」。

- 從資源差異化看，以「資源稀缺性」和「資源延展性」兩個維度，把資源劃分為四種類型，分別是咽喉型資源、槓桿型資源、瘦狗型資源和輻射型資

源。咽喉型資源以及槓桿型資源才是企業布局差異化的要塞點。

- 從模式差異化看，商業模式是利益相關者之間的交易結構。大多數商業資源實際上被閒置，企業家要有將不同要素連接重組的能力，畫出連接的「輔助線」，實現模式創新和增長。

- 模式上的差異化，又可進一步區隔出「資源連接的差異化模式重構」和「價值曲線的差異化模式重構」。

- 認知上的差異化，即通過在客戶心智中建立獨特的形象來形成競爭差異。認知差異化可以從四個維度來考慮，構造點、線、面、體認知結構。點是「認知點」、線是「心智定位」，面是「品牌認知圖譜」，體是「品牌資產」。

6

CHAPTER

不對稱結構

善攻者，敵不知其所守；

善守者，敵不知其所攻。

—— 《孫子兵法·虛實篇》 ——

增長結構之不對稱結構圖

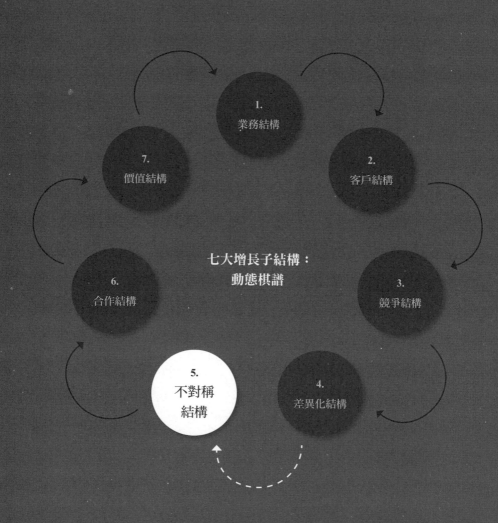

七大增長子結構：
動態棋譜

1.
業務結構

2.
客戶結構

7.
價值結構

3.
競爭結構

6.
合作結構

5.
不對稱
結構

4.
差異化結構

《聖經・撒母耳記》中記載了大衛與巨人歌利亞戰鬥的故事。大衛那個時候僅僅是一位以色列的牧羊少年，對手歌利亞是令人聞風喪膽的巨人，這是一個典型的弱勢者進攻強大競爭對手的故事。通過這一仗，以色列的牧羊少年一戰成名。

我們來看對壘的雙方。大衛年少，沒有受過軍事訓練，且身材瘦小。他沒有遠超歌利亞的強大武器，甚至沒有防護盔甲，僅有一個單薄的甩石機弦，從競爭資源來講，他處於弱勢、劣勢。再看巨人歌利亞，身高290釐米、全副武裝，擁有最好的銅盔甲，帶著七尺長槍和以往戰無不勝的戰績。雙方在資源、能力上，相差甚遠。

然而傳奇的精彩性在於，這種不對稱的局面可以反轉。作為大衛一方的以色列人與對手菲利士人可能都想不到錯位之戰會發生。的確，歌利亞無比強大，但是他所持的重裝步兵設備是典型的適合近距離搏擊的武器，槍和矛以及他的身高在近距離搏擊中可以將優勢放大。然而以色列這邊的大衛，不是步兵，而僅僅是一個投石手。大衛在溪水中挑出五顆石頭，將之以超過35米每秒的速度，準確擲向巨人的眉間，遠距離的進攻讓歌利亞所有的優勢發揮

不出來。當距離拉開，巨大的歌利亞顯得行動不便，最後
成為大衛的人肉標靶。大衛在外界不看好的形勢下殺死了
巨人歌利亞，並帶領以色列人取得戰爭勝利，這是挑戰者
擊敗領導者最典型的故事。

、

從差異化結構到不對稱結構

　　上一章我們談到了差異化結構，我給出了一個公式，
「差異化結構＝資源差異化＋模式差異化＋認知差異化」。
差異化的本質，是錯位競爭，通過獲得自身獨特的生態
位，以捕捉到增長區間上的差異。但是，行業中經常出現
挑戰者，尤其是雄心勃勃的挑戰者，他們致力於向領先者
發起進攻。所以經常有企業家問我，領先者的實力總是比
人強，著實想不出來如何比其更強勢，在這種情況下該怎
樣進攻？尤其是小型公司或者市場的新進入者，時常有「
一槍挑對手於馬下」的渴望，此境此局下，新進入者有沒
有應對的布局結構呢？
　　差異化結構是構建不同，典型情境是，差異化造成

企業與競爭對手在不同增長區間，各自相安無事。這就如香格里拉酒店和漢庭、如家，各自在自身的競爭領域差異化增長，當然在這種差異化過程中，雙方依然會去爭奪客戶，不可能互不侵犯。然而，不對稱結構則不同，它背後的底層邏輯是進攻。它指向出現一批身處差異化中卻並不避開行業領導者與其他對手，而是進攻對手壁壘的野心勃勃的企業家。雖然從某種意義上講，不對稱也屬於差異化的一種形式，但是它太重要，所以值得單獨提出來，變成增長結構的一大子結構，專供企業家在挑戰領導者時應用。

　　長期以來，頂級諮詢顧問一直在預測各個市場上競爭的結局，所以有一種說法叫作「以結局來倒推開局」。但是大多數人都會陷入一個競爭預測的誤區，那就是認為較大規模的、擁有豐厚資源的領先者一定會蠶食小公司，儘管諸多商業實證研究發現，資源投入的多寡，與公司最後能否獲得競爭的勝利並不一定具有相關性，但是大多數公司還是以此方式去設計自己的增長模型。2020年2月，破壞性創新理論的學人克里斯汀森（Clayton Christensen）過世，他去世前曾接受《哈佛商業評論》的採訪說，「我只有一套理論」，這套理論指的就是破壞性創新。我們知道

人類歷史上有著名的「亞歷山大難題」，即亞歷山大大帝所建立的跨越亞非歐三大洲的大帝國為何最終會瓦解。克里斯汀森試圖破解商業競爭中的「亞歷山大難題」，即一些處於領導者地位，資源和能力看起來無比強勢的商業帝國，為什麼會被一些初創的、小型的公司擊敗？小型公司究竟如何獲得增長？

　　克里斯汀森提出了「維持性創新」和「破壞性創新」兩條截然不同的企業增長路徑。維持性創新指的是在產品和服務性能上不斷進步，瞄準的是挑剔的、對產品性能不斷趨於優化選擇的客戶，而破壞性創新所覆蓋的則是原來不在市場中的相對低端的客戶，針對性地將產品性能進行簡化。克里斯汀森在他的書中寫道，「歷史上許多獲利能力最強的增長路徑一直以來都是破壞性創新發起的，而破壞性創新其實是一種新的增長路徑—成為破壞者而不是被破壞者，最終消滅那些運轉良好的競爭對手」。

　　我最早注意到克里斯汀森的破壞性創新理論是在2004年，那個時候該理論並非像今天這樣流行。我個人並不認為克里斯汀森的理論超越了麥可·波特，破壞性創新本質上構建的是一種不對稱的競爭結構，而克里斯汀森提出的

破壞性創新的路徑，也僅僅是不對稱競爭結構中的一個子集（即找出領先者競爭優勢中的薄弱點）。那麼，什麼是不對稱競爭結構（以下簡稱為「不對稱結構」）呢？我先為其下個定義：不對稱結構即尋找領先競爭對手競爭優勢中的薄弱點，力出一孔，以至讓對手難以回擊，實現在特定細分市場上的彎道超車式增長。

　　米開朗基羅把大衛擲石子的傳奇，變成大理石雕刻永遠留在了佛羅倫斯舊城中心，成為義大利佛羅倫斯美術學院的鎮館之寶，而大衛的這個故事就是在講不對稱結構—如何以弱勝強。老子講「反者，道之動」「兵強則滅，木強則折」。不對稱結構的奇妙之處在於，優勢和弱勢其實是相對的，對手的優勢中往往包含著結構性的致命死穴。如果我們可以理解這種不對稱性，就可以知道在任何情況下，行業中的後來者、挑戰者、破局者都擁有槍挑領先者的機會。這種機會不是來源於某些決策者拍腦袋的預測、判斷，其背後有一種不對稱的理性結構。

　　商業理論上有一個經典的分析工具，叫作SWOT分析法，可以用在市場分析的過程中，對企業所面臨的優勢、劣勢、機會和威脅進行全面綜合的評估。該工具由美國舊

金山大學的海因茨・韋裡克（Heinz Weihrich）提出，哈佛商學院著名教授肯尼斯・安德魯斯（Kenneth Andrews）推廣。但遺憾的是，絕大部分企業在運用這個框架時都存在或多或少的問題，表層應用，實則無用。比如假設你去詢問中國的「工商銀行」高階主管什麼是他們的市場優勢，他們極有可能會回答說是據點。畢竟工商銀行是全世界擁有據點數最多的銀行，這也是工商銀行一直在強調的核心優勢。但是這種優勢卻可以被反向擊破。同樣依據SWOT分析框架，不同的人看問題的眼光可能是完全不一樣的，得出的市場戰略選擇亦完全不同。舉一個反例——深圳的平安銀行，在北上廣深等一線城市中據點非常少，但這並不意味著它相對於工商銀行處於劣勢。換一個視角，據點少反而成為其優勢所在，因為新興銀行可以把布局實體據點的成本拿去發展客戶、開發數位業務。所以平安銀行並沒有模仿行業領導者去發展據點，而是早在15年前就開始取消跨行轉帳的手續費和異地取款費，擁抱數位化，其客戶增長勢頭非常迅猛，成為15年來中國本土銀行中發展最快的一家銀行。在平安銀行的這種不對稱競爭的思維下，工商銀行的網點優勢瞬間變成了劣勢，網點優勢在平安銀

行的戰法下無法凸顯。我們似乎能看到，優勢中包含的弱勢，是領導者本身蘊藏的致命結構。

挑戰者的另一個機會在於，即使每個環節審視起來都不占有優勢，但是整體組合起來可能形成競爭優勢，這即是競爭元素的協調—如何通過協調獲得整合性的優勢。正如足球聯隊，最好的超級球星組合在一起未必能夠拿到世界盃的冠軍，而一支沒有超級球星的足球隊卻有可能拿到。

所謂優勢和劣勢，對其的判斷取決於企業與客戶的聯結。優勢、劣勢，是與客戶的需求緊密相關的。企業可以根據客戶需求點的不同，通過重新細分客戶，將劣勢反轉為優勢，這種情況下甚至能改變競爭規則。比如特斯拉創業時就避開傳統汽車百年累積的技術解決方案，以新能源、時尚先鋒和高性價比圈粉新一代年輕客戶。想要滿足所有客戶的需求，最終會是誰的需求都無法滿足，所謂不對稱競爭也意味著在客戶的某個需求點上單點突破，形成一箭穿靶的爆發力。

京東與淘寶：在巨頭前不對稱式崛起

　　區別於一般的差異化，不對稱結構並不是簡單找出一個競爭中區隔的位階，而是包含一種對抗性，向領先者發起進攻，並創造出一個領先者無法或者難以還擊的局勢。在中國的互聯網市場上，全球性的外資互聯網公司基本被驅逐，而很多競爭方式都建立在這種局勢之上。

　　最典型的是當年淘寶對eBay的進攻，淘寶就建立了相對於eBay的不對稱結構。2003年5月，淘寶網成立。當時的淘寶還沒有今天如此之大的規模和市場定價權，其最大的競爭對手是崛起於美國的eBay。eBay在全球攻城掠地，同時進入中國市場，可是淘寶最終把eBay擊敗，原因在於馬雲非常具有洞察性地看到了對eBay的進攻點。當時eBay的模式是向進駐的商家收取攤位費以及在買賣雙方的交易中提成。而淘寶卻反其道而行之，宣佈實施三年免費戰略，即三年內不向商家收取服務費，迅速收割客戶，使得本來進駐eBay的商家迅速轉向淘寶。2005年，淘寶加注10億元資金專門進攻eBay中國。到2006年淘寶已經占據市場70％的占比，eBay只好宣佈退出中國市場。

　　上文提及，不對稱的精髓在於當你設計進攻時，領先者無法或難以回擊，那麼我們不禁要問—淘寶進攻巨頭eBay這一戰中，為什麼eBay在淘寶推出免費服務時不去跟進剿滅淘寶？一個重要的原因在於，eBay在進入中國之時，它在全球的收入已經超過20億美元，並且形成了既定的收入和獲利模式。作為當時的領先者，eBay如果為單個市場調整其模式，則會危及其他市場的業務，一旦跟進淘寶的打法，給交易中的商家免費，那麼eBay的收入會急劇下降，影響其在資本市場的市值，而這對當時的eBay來說是更大的損失，也是其不想看到的結果。所以，淘寶這一攻擊點讓eBay很難在短時間做出有效的權衡和割捨。而另一個重要原因是，淘寶當時還是一家年輕的本土化互聯網公司，市場競爭激烈，極有可能難以存活，跟隨其策略顯然不是領先者的格局。

　　在單點突破形成不對稱局勢後，淘寶不斷升級，將與eBay的不對稱性進一步擴大。2003年，淘寶推出阿里旺旺，幫助賣家和買家之間進行互動交流。2004年，淘寶針對交易中的支付問題推出線上支付系統支付寶。當時中國人很少使用信用卡線上支付，支付寶和各大銀行達成合

作，解決消費者線上上購物的交易風險。最終淘寶演化成
一個電子商務的生態系統。2008年，淘寶整合了線上廣告
公司淘寶聯盟（Alimama.com）。淘寶聯盟覆蓋40多萬家
專業網站，淘寶賣家可以向目標受眾發佈廣告。在不斷升
級的過程中，這套生態系統之間的各個模組進行有效協
同，從單點不對稱變成系統不對稱，競爭對手無法模仿，
亦無法在原有的賽道攻破。

　　而更精彩地利用不對稱結構的公司是京東。對消費者
和用戶來說，末端交付是一個非常影響電商體驗的節點，
物流外包難以控制派送品質，影響客戶體驗。亞馬遜在
全球多個國家布局倉儲和物流中心，還購置大量的運輸車
輛，投資航運，租賃航班，完善其運力網路，這就是亞馬
遜一度自稱為「運輸服務商」的原因。

　　那在物流能力的競爭上，京東是如何利用不對稱結構
的呢？作為亞馬遜的中國「好學生」，京東看到亞馬遜作
為全球電商，在其全球物流布局中存在「資源不對稱」的
結構，即亞馬遜的全球物流布局使得其必定無法聚焦於一
點。於是京東當年傾全域之力建物流系統，曾不斷受到質
疑，而業績證明此棋高明，以物流支撐的用戶到達體驗讓

當當網局局潰敗。而相較於亞馬遜，甚至京東的步伐跨得更大，京東把物流業務獨立出來，成立京東物流子集團。而亞馬遜在全球鋪設網路，無法聚焦一點形成殺傷力，因此京東到達消費者的能力遠大於亞馬遜，在物流支撐的客戶到達體驗上，形成了不對稱的結構。

從不對稱結構上，我們真正看到挑戰型企業進攻巨頭，並殺出重圍的機會。領先者面對進攻者的確存在窘境—他們的優勢已經決定其劣勢，更決定其難以進行短期調整以面對挑戰者的進攻節奏。這正如三國時代的赤壁之戰中周瑜火攻曹操，不習水戰的曹軍把北方的戰船連接在一起，看似態勢穩固，卻在孫吳東風加上火攻的情況下，難以解體躲避，赤壁之戰成為中國古代戰爭史上的神作。

競爭優勢逆轉下的不對稱

我一直強調，重要的不是現象，而是現象背後的本質、原理和結構。不對稱競爭可以還原成一種結構，即如何在進攻中讓被進攻企業的競爭優勢變成劣勢。我將其表

達為一個公式：

$$不對稱結構＝（企業優勢1＋企業優勢2＋……＋$$
$$企業優勢\ n）×優勢點逆轉$$

在解讀這個公式前，我們先看看所謂的競爭劣勢，即競爭比較中不處於優勢的部分。一般而言，企業的競爭劣勢，可能來自兩個層次。

第一個層次源於企業在競爭中的資源不足或者營運效率低下。這種劣勢企業可以通過所謂的建立學習型組織、標杆管理、JIT（準時制）運作等方法進行彌補。但是，企業有沒有一種劣勢是連自己也克服不了的呢？如果有，那麼這個劣勢也就成了「阿喀琉斯之踵」，即領先者的死穴，也即後發企業最佳的攻擊點，競爭中以弱勝強的局勢就更加容易出現。

競爭劣勢的第二層次，即不對稱競爭背後的結構，其實核心就在於優勢和劣勢之間的轉換，這一層競爭劣勢恰恰來源於競爭優勢—在數位化搜索市場，谷歌作為先發者本身具有各項優勢，但百度恰恰抓住了其優勢中的劣勢。

不同於Google的全球覆蓋，百度聚焦於中國市場，當年在中國市場進攻Google，其攻擊的核心點就是「百度更懂中文」，意思是Google在全球布局，必定在單一市場上難盡全力，百度只要把中文搜索這個點打透，對手就無法跟隨。百度在2005年僅投入100萬元人民幣的媒介費用，拍攝「更懂中文」的互聯網病毒廣告，與中文古籍全文資料庫聯合推出國學頻道，與北京大學建立中國人搜索行為研究實驗室，並推出全球最大的中文社區—百度貼吧。

2005年1月到2006年6月，在這場「百度更懂中文」的競爭襲擊下，百度的市場占比一路飆升，並於2006年開始突破50％，比谷歌高出22％。

所以我們看到，不對稱背後實則是優勢與劣勢的瞬間轉換，它只是換了一個思考的角度，但是對行業領導者的破壞力無窮，很多時候甚至是致命武器，使挑戰者可以從對手手上拿到市場增長的占比。從挑戰者的進攻策略上來說，針對防守者表面的弱點去進攻通常不會奏效，或者這種奏效只會維持較短的一段時間。而真正的高手應該掐住對手的命門，這個命門就是對手的優勢，從這個點進行攻擊會起到潰軍於千里的效果。

　　這就是上文我提到的公式：不對稱結構＝（企業優勢1＋企業優勢2＋……＋企業優勢 n）×優勢點逆轉。我們分析領先者的命門，最重要的洞見在於將其競爭優勢一項一項列出來，並從中找出優勢中的固有劣勢，即優勢點逆轉。在這種逆轉下，進攻對方優勢中的劣勢，對方會陷於進退失據的境地。

　　哈佛商學院的大衛‧尤費曾提出「柔道戰略」，也與不對稱思想一脈相通。在柔道運動中，體重很重的選手不一定就能戰勝體重輕的選手，輕體重選手往往憑藉自身的靈活性，趁著高體重選手向自己撲來的時候迅速閃躲，在迅速移動中四兩撥千斤，把對手的體重優勢瞬間變成劣勢，並利用高體重選手自身壓過來的重力，將其制倒在地。柔道戰略的本質，就是進攻者從競爭對手的「優勢之中找弱點」，找到一個強有力的突破點，借力打力，瞬間把競爭對手的優勢化為其自身難以克服的劣勢。

　　那麼，我們不由得追問：為什麼領先者的優勢換個角度看，就是它的劣勢呢？這源於企業優勢的積累過程，一個企業在某方面獲得的優勢越多，那麼它必定為這個優勢投入的資源、付出的代價越多。這個時候，我們針對對手

付出代價最高的優勢，創造出一種新的增長模式，其關鍵是要使對手為此優勢付出的代價成為沉沒成本，而競爭對手由於長期在優勢上的積累造成的這些沉沒成本構成了企業的退出障礙，那麼在新規則下，企業的優勢變成了企業

圖6-1 不對稱結構

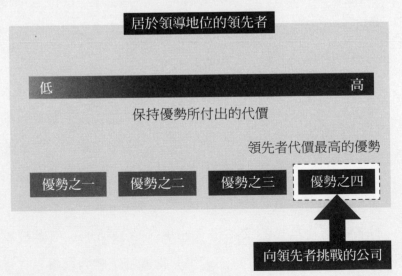

難以逾越的障礙和劣勢。這種不對稱的思想我們可以用上頁圖6-1表示。

不對稱結構最經典的案例還是百事可樂與可口可樂之間的競爭。可口可樂早期是一種用來治療神經疾病、偏頭痛和抑鬱症的藥品。1902年開始，可口可樂基於大量的廣告投入成為知名度最高的飲料品牌。1907年，一位設計師為可口可樂提供了其歷史上最偉大的設計—類似女性身體曲線的可樂瓶，容量6.5盎司（約192毫升）。此瓶子被認為是產品史上「最完美的包裝設計」，可口可樂視其為除可樂配方外最強大的優勢，於是一口氣生產了60億個這種瓶子。如果說瓶子是可口可樂的優勢，那進攻者是否可以從這個優勢攻入呢？

此時可樂戰場上冒出來的百事可樂，碰到了一個巨大機會——20世紀30年代美國的大蕭條，讓美國消費者對價格高度敏感。此時百事可樂打出一個市場策略——花同樣的錢，買到的百事可樂的量是可口可樂的兩倍。為此，百事可樂專門生產了容量為12盎司（約356毫升）的瓶子，以「同價雙倍」的策略進入市場，攻城掠地。市場被攻入，可口可樂在反擊時卻顯得非常遲疑，壓力重重，其背

後存在難以化解的窘境—之前可口可樂已生產60億個「最完美設計」的瓶子，得慢慢消耗庫存，如果增加新的包裝生產線，原有的瓶子將難以處理。更致命的是，市場上還有幾十萬個飲料販賣機，這些販賣機由通路方投資，僅適應可口可樂的傳統瓶型，因此對管道商構成巨大的退出成本。這種原有的競爭優勢反而成了可口可樂應對百事進攻的阻礙，決策層難以割捨其優勢迅速進行還擊。

這場不對稱的奇襲讓可口可樂忍受了多久呢？一直到1955年，可口可樂耗時15年時間才將6.5盎司的瓶子存貨消耗完，而此時百事可樂的市場占比上升了12％。

可口可樂的第二個優勢護城河是其「品牌」。可口可樂是市場上第一款可樂飲料，歷史悠久，曾經擔任過「南方聖水」的角色。如果再來一戰，針對其的不對稱進攻方式該如何設計呢？還是回到原理，優勢即劣勢，最大的優勢即最大的劣勢。可口可樂歷史悠久，是經典的代名詞，那麼反向轉換一下：「經典＝落伍、脫節、過時」。百事可樂花了十多年的時間，尋找針對可口可樂進行不對稱進攻的切入點。從1961年百事可樂第一次提出「現在，感覺年輕人就喝百事可樂」的定位，到1964年這個策略終於完

成戰略思考上的飛躍，百事可樂集中進攻宣傳「百事，新一代的選擇」這一關鍵品牌定位，利用新一代人的年齡差異和逆反心理，切入市場。而此時，可口可樂的老年群體正在縮小，與之相對的是低齡消費市場日益擴大。

　　當時百事推出兩個極具殺傷力的廣告片。第一個描述的是100年後考古專家進入北非沙漠，挖掘出6.5盎司的瓶子，雖然沒有點名，但觀眾都能意會到這是可口可樂。考古專家拿著這個瓶子反復研究，考證不出就直接丟到地下，而他此時從背包中拿出一罐百事可樂，一飲而盡。可口可樂當時看到這個廣告後受到嚴重的刺激：百事可樂是在暗示可口可樂徹底過時，100年後都不存在了，而百事是「新一代的選擇」。另一個視頻廣告打得更兇猛，講的是一個小孩去自動售賣機買可樂，可口可樂的按鈕比較低，小孩子就投幣後先按下了可口可樂的按鈕，結果可樂出來後小孩將可口可樂的罐子墊在腳下，再投幣按下百事可樂的按鈕，拿著百事可樂離開，廣告結尾又出現「百事，新一代的選擇」。此後這種打法變成了百事的進攻模式，幾張牌打下去，猶如打蛇打到七寸，可口可樂和百事可樂的銷售額比例從1960年的2.5：1變成1985年的1.15：1。百

事可樂通過不對稱競爭實現市場增長。

　　百事可樂接著用不對稱競爭的思維窮追猛打。可口可樂還有一條護城河——可口可樂的配方，而配方指向的是口味，百事可樂乾脆把這一打擊性競爭的內部行動叫作「百事之挑戰」（Pepsi Challenge）。20世紀70年代，百事公開做了一次口味測試，讓消費者盲測百事可樂和可口可樂的味道，進行口味優劣比較，結果偏好百事可樂的人群與偏好可口可樂的人群之比是3：2，百事可樂將盲測結果在廣告中大肆宣傳。而此時可口可樂犯下大錯，開始走向自我懷疑，居然公開宣佈修改配方，推出新口味可樂，引起市場巨大反對，新可樂推出不到三個月就宣佈失敗，撤回。

　　可能此時可口可樂才想明白什麼叫作「不對稱競爭」——優勢和劣勢是可以轉換的，於是開始找百事可樂的優勢。百事可樂的優勢是什麼呢？年輕、叛逆，反過來即是「缺乏歷練」「沒有根基」「沒有文化」，更直接點說是「模仿貨」。於是可口可樂終於開始以「可樂正宗貨」（The real Coke）來進行還擊，把可口可樂上升到代表美國精神和文化的層面，稱之為「永遠的可口可樂」，

才重新回歸並鞏固其市場地位。至此之後，可樂市場被兩大巨頭鎖定。

　　關於不對稱結構，我們再舉一個大陸市場的案例。在搶占「即時通訊」市場這件事情上，阿里巴巴一直很努力。早在2013年，阿里巴巴就推出過一款名為「來往」的即時通訊軟體，意在建立一個移動好友互動平臺，瞄準熟人社交，劍指騰訊「微信」。然而，來往衰落速度之快令人咋舌。

　　阿里的來往當時敢於挑戰微信的原因之一，是對潛在用戶量的自信。在來往看來，既然微信早期的用戶量基本是從QQ導入的，那麼在阿里旗下的旺旺與QQ的使用者量相差無幾的情況下，來往也可以因此獲得巨額的用戶量。奈何此用戶量非彼用戶量，與QQ的使用者不同，旺旺的使用者僅是把旺旺當作一個針對交易事宜進行臨時溝通的工具。在步入移動領域後，手機記憶體的限制使得人們更青睞可以同時滿足他們各類需求的 應用。人們可能會在日常聊天中完成交易，卻極少會在交易軟體中進行社交。相比之下，同樣的用戶量，騰訊卻有著更高的使用頻率。微信的社交優勢在這場競爭中被無限放大，來往也因此失敗

出局。

　　經此一役，更是讓阿里巴巴看見了社交應用的重要性與必要性。但是已有的一次失敗經歷讓阿里明白——「學我者生，仿我者死」，簡單模仿產品並不行，得從對手的弱點切入，而這個弱點往往從其優勢種中產生—微信的個人社交太強勢，反而致使其職場社交發展受限。於是，阿里隨即於2014年推出了一款新的社交應用「釘釘」，正式進攻職場社交。

　　社交領域的應用多如牛毛，從人與人之間的關係強弱來看：強如熟人社交，微信一騎絕塵；弱如陌生人社交，陌陌執掌一方；而不強不弱的二度關係，正是釘釘所瞄準的方向。以職場作為切入點，阿里巴巴寄希望於通過釘釘占領二度關係的山頭，打破其在社交領域屢戰屢敗的僵局。如果說微信是一種生活方式，那麼「釘釘」便是一種工作方式。因此，釘釘的客戶群體主要面向中小企業和團隊，將自己表達為「為中國企業而生」，明中國企業以系統化的解決方案全方位提升企業的溝通和協同效率。而這樣一個思路，也使釘釘巧妙地避開了與微信在消費市場上的正面競爭，數千萬企業因此提前進入雲和移動辦公時

代，釘釘占領了企業辦公市場。2017年12月底，釘釘用戶數量破億。此後，釘釘便一直保持著高速且穩定的增長，並在2020年新冠疫情時在全球爆發。

釘釘中絕大多數功能的使用場景，都是基於企業日常運作衍生而來。智慧考勤以及一鍵報銷等功能讓管理變得更加容易；而「DING消息必達」功能，保證了員工在任何情況下都能及時接收到來自管理者的消息；輔以「消息已讀未讀」功能，更是抓住了中小企業管理者的痛點，有效地解決了令老闆頭疼的「員工裝死」問題。另外，釘釘邀請的代言人，也不是娛樂明星，而是大量知名企業的CEO。不難看出，不論是產品的設計理念還是市場策略，釘釘都在圍繞著老闆的需求，讓老闆成為最終的買單者。

釘釘打動老闆的這一策略無疑是成功的，微信也因此有了危機意識。2016年，騰訊緊隨其後推出企業微信，面向所有企業，強調不僅老闆用得開心，還要員工用著暖心。然而，這一次競爭已經有了答案：中國4300萬企業中，約有700萬家企業使用釘釘，只有130萬家使用企業微信。2018年騰訊將微信與企業微信打通，寄希望於利用微信的11億用戶向以釘釘為首的企業移動辦公市場發起大規

模進攻，就目前來看，依舊難以撼動釘釘在職場社交領域的地位。釘釘的市場占比仍雄踞在企業即時通信應用榜首，超過第二至第九之和，是企業微信的4.7倍。截至2019年年底，釘釘的使用用戶量已超過2億，活躍用戶數排名第一，瞄準單一垂直社交場景，使得阿里巴巴終於在社交領域占有一席之地。釘釘通過構建不對稱結構的方式，彎道超車，獲得了自身的成功。

實際上，企業之間的競爭和軍事戰爭也有異曲同工之妙。著名的「馬奇諾防線」是一條耗費了2000億法郎建造的堅固防線，一戰後法軍為防德軍入侵，在東部的國境線上建立築壘，全長750公里。馬奇諾防線上密密麻麻地分佈著大大小小各種防禦工事，配備了各種反步兵和反坦克障礙物。各火力據點構成一個又一個防禦區，形成密集的火力封鎖。同時，主戰方向的防線上也建造了炮臺，皆配備大炮和機關槍，左右旋轉的鋼塔內部也放置了不同的武器，可用來從側面射擊據點的死角。整條防線的設置可以說是從頭武裝到尾，無懈可擊。

就當時的條件來說，馬奇諾防線無疑是世界上最安全可靠的防線。它有最嚴密的火力配置、最完整的工事構築

以及最完備的障礙設置，因此法國人理所當然地認為馬奇諾防線安全無虞。然而德軍用另一種方式「攻破」了看起來堅不可摧的防線。

　　1940年6月13日，德軍從防線左側直取凡爾登，勝利後從防線的背後曲線迂回，形成對其的分割性包圍圈。同一時間，另一隊德軍瞄準法軍防禦兵力最少的區域，對防線進行正面攻擊並突破。德軍繼續突破，很快即將防線斬為兩段，然後立即繞到防線背後與之前的德軍會合，將沒有來得及撤退的法軍包圍，至此，「堅不可摧」的馬奇諾防線徹底失去防禦作用。

　　6月19日，德軍全面占領了馬奇諾防線，剩餘的法國大軍如甕中之鱉，只能就地投降。看似堅不可摧的馬奇諾防線，當敵人繞道而攻時則形同虛設。

　　在不對稱的結構中，馬奇諾防線並不穩固，而關鍵是對手能繞道找到攻擊點。如果我們能夠體會到這種思維的精妙，那麼目前市場上的很多困境便可以迎刃而解。2020年，「農夫山泉」上市，該公司招股書顯示，農夫山泉2017年、2018年、2019年營收分別為174.91億元、204.75億元、240.21億元，複合年增長率達17.2％，高

於同期中國軟飲料行業5.8％以及全球軟飲料行業3.1％的增速，2019年淨利潤高達50億元。

　　而農夫山泉當年的快速增長，也是源於「純淨水之爭」的不對稱結構的競爭。娃哈哈和樂百事當年構建的純淨水市場銷量不斷攀升，而農夫山泉找到其純淨水優勢中的劣勢——「純淨無菌」，意味著可能有益的礦物質也被過濾掉，於是大肆宣傳「礦泉水」概念，聲稱農夫山泉「不生產水，只是大自然的搬運工」，把對手的優勢瞬間變成了劣勢，在自我構建的競爭無人區中一騎絕塵。

　　無論是可口可樂和百事可樂的百年之爭，還是釘釘針對微信的突襲，抑或是農夫山泉的崛起，歸結為一點，都在於它們找到了所進攻企業的優勢以及優勢逆轉點，構建起了不對稱結構，使得對手本來的優勢變成了難以克服的劣勢。這正如《孫子兵法·虛實篇》中所揭示的：「善攻者，敵不知其所守；善守者，敵不知其所攻。」

平均成本定價陷阱

不對稱結構中還有一種特例，叫作平均成本定價陷阱。這也是挑戰者可以進攻領導者的破門點。

在華頓商學院的高階主管課堂上，喬治·戴伊教授反覆提及一個精彩案例，即花旗銀行進攻滙豐銀行的商戰。滙豐銀行是香港無可置疑的市場領導者，擁有香港市場上75％的家庭客戶。當我們深挖其客戶結構後發現，正因其占據著市場領導者地位，不得不全面覆蓋所有客戶，包括「大戶」和所謂的「小散戶」。按照二八法則，大戶占據了消費者總數的20％，小散戶占據了80％，而小散戶中有20％的消費者並不為滙豐銀行帶來實際利潤，換句話講，服務小散戶對滙豐銀行來說是賠錢的。

從網點角度看，服務一個零額小散戶和大戶差異並不大，但是服務散戶占據了滙豐銀行大量的時間和服務成本。這種結構使得滙豐銀行在使用資源貼補散戶，當然這種客戶結構對於市場領導者而言是合理的，它需要全面覆蓋，而且綜合利潤仍然不錯。

然而這種客戶結構和服務成本的分散化卻能給予後來

挑戰者不對稱進攻的機會。在新技術和新客群興起的背景下，花旗銀行開始對這種結構發動進攻。在客戶結構的布局上，花旗對滙豐的散戶市場並不感興趣，而直接把弓箭射進滙豐最具吸引力的市場—大戶市場。花旗銀行設置客戶准入門檻，不接納散戶，而為大客戶開闢出專業的服務模式、銷售管道和價格策略，滙豐的大戶市場被花旗的專屬性產品和服務設計一步一步蠶食。

那麼，是什麼允許花旗銀行向滙豐銀行這樣占據市場主導地位的領導者發起進攻呢？

這即是平均成本定價的秘密。市場領導者企業的致命弱點，是其遵循的結構是依存於平均成本設置的。由於他們要向更大範圍的消費者提供服務，所以必然以此群體的平均成本作為其定價的依據。但是其背後的客戶是可以不斷分群的，需求也可以不斷切割，而平均成本定價造成了一批客戶在養另一批客戶。真實場景下來自消費者的盈利性難以計算且操作複雜，而且市場領導者由於存在前期對消費者和各類基礎設施的長期 鎖定和承諾，在面臨市場被蠶食的風險時，反應能力早已受到捆綁與限制，就像滙豐銀行在意識到高端市場被蠶食時，依然難以切割掉那些不

帶來盈利的散戶。

　　由於市場領導者的客戶比新進入者覆蓋更廣泛，必然留給新進入者聚焦到其高盈利客戶的結構性機會。新進入者可以依據這種不對稱性殺入市場，如入無人之境。

　　這個邏輯非常有意思，在平均成本結構下抽離出一個市場，先殺入這個最有價值的市場，設計出專門應對這些高價值客戶的產品和服務。一旦消費者從市場領導者轉移到新進入者，市場領導者的利潤壓力必然加大，這時市場領導者往往會掉入另一個陷阱——開始對原有客戶進行提價，一提價就掉入死亡陷阱，更多客戶被另外的新進入者挖走，進入了惡性循環（見圖6-2）。

　　在互聯網領域，由於諸多產品服務免費，可能不存在「平均成本定價」的致命結構，但是其背後的「全面市場—平均服務邏輯」所留下的機會中，依然存在不對稱進攻的錨點。我們再用這個模型去看2020年在社交媒體戰場上新冒出的公司——Yubo、Peanut。一個真實的數據是臉書在2018至2019年間流失1500萬用戶，日活量（每日活躍使用的人數）從2017年開始不斷遞減，而推特每日發推的用戶也從3.5億降到了2.5億，2019年5月開始，Instagram

圖6-2 平均成本定價陷阱

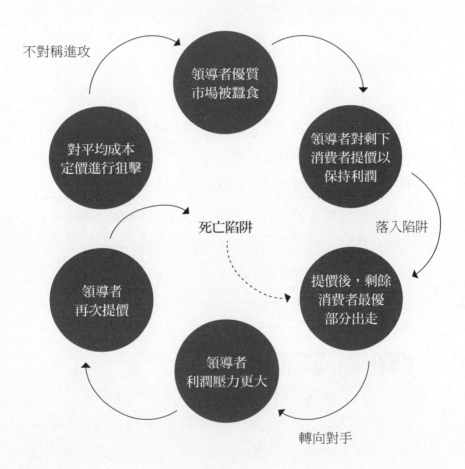

也同樣出現用戶活躍度下降的現象。新進入者找到的機會是從中切割出最有價值的市場。Yubo聚焦00後，提出「25歲以上的請走開」，目前已經擁有2500萬用戶，日活用戶數達到100萬，其核心殺入點即「在Yubo平臺上做自己，不上父母一代的社交媒體」。而另一家Peanut，從社交媒體中切割出一個為孕婦服務的專屬空間，平臺的群聊功能有問答、配對，深度且私密，用戶數以每月20％的速度增長，大量使用者都是從臉書轉移過來的。

　　進攻領導者，讓其陷入平均成本定價陷阱，是構建不對稱結構的一種特例。平均成本定價的邏輯，給予了挑戰者更聚焦於進攻領導者的優質客戶的可能。

不對稱結構背後的思維方式t

　　不對稱結構背後的原理是哲學中的「矛盾論」。矛盾，即對立統一，矛盾著的對立面互相依存，互為存在前提，並共處於一個統一體當中，對立面互相貫通，在一定條件下相互轉化。而這種轉化之所以能發生，就是因為對立面之間本來就包含和滲透著對方的因素，存在著互相轉

化的趨勢。從此角度看，優勢中存在劣勢，劣勢中可以隱含優勢，這是企業增長設計中的關鍵要點。

兵法中很早就講到「矛盾論」。兵法中一方面講「一戰而勝」，另一方面講「夫兵形象水，水之行，避高而趨下」，一強一弱，這本就是矛盾。而當我看到克勞塞維茨的《戰爭論》，裡面赫然寫道：「兩種想法形成一個真正的邏輯對立面⋯⋯從根本上來說，每種想法都隱含在另一種想法之中。即使我們自己頭腦中的限制讓我們無法同時理解這兩者，並通過它們之間的對立看見兩者的全貌，至少還是可以通過對立窺見兩者的許多細節。」正如克勞塞維茨之意，理解對立的統一性，才能看到兵法突圍的細節。

前文我們談到哈佛商學院的肯尼斯・安德魯斯，他把SWOT分析帶入哈佛商學院的經營策略課程。他在哈佛的臺階圓桌課堂上，以天馬行空的思維和辯論激戰的方式俘獲了無數學生，其中就包括麥可・波特。安德魯斯讓企業家學生們從案例的不同維度自由發表意見，當大家爭論得不可開交時，他突然單刀直入地反問一句：「你們的討論很有道理，但是有沒有可能那個優勢就是劣勢，或者把對

手的劣勢變成優勢，重新做一遍SWOT分析？如果重來一次，結果會怎樣？」讀完此章，不妨試試你的不對稱結構如何操作吧。

思想摘要

- 不同於差異化結構，不對稱結構背後的底層邏輯是「進攻」。它指向出現一批身處差異化中卻並不避開行業領導者與其他對手，而是進攻對手壁壘的野心勃勃的企業家。
- 不對稱結構即尋找領先競爭對手競爭優勢中的薄弱點，力出一孔，以致讓對手難以回擊，實現在特定細分市場上的彎道超車式增長。
- 同樣依據SWOT分析框架，不同的人看問題的眼光可能是完全不一樣的，得出的市場戰略選擇亦完全不同，而SWOT背後的精髓就在於如何判斷真正的優勢和劣勢，用不一樣的眼光去洞察工具背後的思想、本質，並轉換成實踐。
- 不對稱結構＝（企業優勢1＋企業優勢2＋……＋企

業優勢 n）×優勢點逆轉

- 一般而言，企業的競爭劣勢，可能來自兩個層次。第一個層次源於企業在競爭中的資源不足或者營運效率低下。第二層次即不對稱競爭背後的結構，其核心就在於優勢和劣勢之間的轉換。

- 市場領導者企業的致命弱點是其遵循的結構是依存於平均成本設置的。

- 由於市場領導者的客戶比新進入者覆蓋更廣泛，必然留給新進入者聚焦到其高盈利客戶的結構性機會。新進入者可以依據這種不對稱性殺入市場，如入無人之境。

- 不對稱結構背後的原理是哲學中的「矛盾論」。而這種轉化之所以能發生，就是因為對立面之間本來就包含和滲透著對方的因素，存在著互相轉化的趨勢。

7
CHAPTER
合作結構

博弈論給人的印象通常是商場如戰場，

但這只說對了一半。

博弈論的應用正是為了促成共同獲益或雙贏遊戲的誕生。

—— 耶魯大學管理學教授 ——
拜瑞・內勒巴夫（Barry J. Nalebuff）

增長結構之合作結構圖

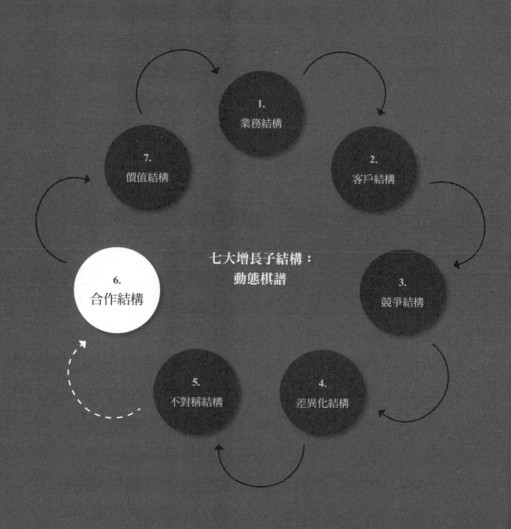

2019年，對微軟來說是過去近10年來最好的一年。這一年，微軟市值漲幅達到55.3％，創下自2009年以來最大年度漲幅。回顧過去10年，微軟股價累計上漲了417％。這家似乎在公眾視野中被遺忘的「傳統科技公司」，在第三任CEO薩提亞‧納德拉的「刷新」下，逆勢增長。微軟是標普500指數2019年上漲的最大貢獻者之一，貢獻其7％的漲幅，僅次於蘋果公司。

微軟公司是PC軟體（Windows、Microsoft　Office）開發的先驅者和領導者，然而在微軟的第二任CEO任職期間，它卻一度失去了昔日的輝煌。作為IT巨頭，微軟這些年一直在依賴以前的產品「吃老本兒」，雖然力圖維繫比爾‧蓋茨時代基於Windows所建立的PC生態的輝煌，卻沒有跟上移動互聯網迅速發展的步伐，在新業務的開發上少有突破，導致其在與來自移動互聯網、社交、雲計算等領域的新競爭者的博弈中敗下陣來，霸主地位不再。2010年後，微軟市值便相繼被對手谷歌和蘋果超越。2015年，微軟在全球智慧手機作業系統市場中僅占2.8％的占比，嚴重的虧損讓微軟不得不在同年7月宣佈裁員7800人。

窮則思變，微軟的第三任CEO薩提亞‧納德拉上任

後，著手進行微軟向雲生態的轉型。他提出「賦能全球每一人、每一組織，成就不凡」的戰略理念，抓住科技前沿趨勢，帶領微軟回歸初心，圍繞智慧時代構建產品和服務，明微軟找準了新的方向。

轉型戰略中一個重大的舉措就是軟體的開源合作戰略。微軟不再將Windows和Office捆綁，而是將Office作為一種開源的軟體開放給其他的系統。由於在移動互聯網時代，人們有了平板電腦、手機等新的操作設備，Windows　雖然不再是單一的作業系統，但是仍存在很高的用戶黏性。這個舉措可以讓微軟和合作公司雙方獲益，共同創造價值。另外，微軟也宣佈NET操作平臺和命令列工具PowerShell開源並支援Linux作業系統，如今，應用程式開發框架NET Core的跨平臺設計已成為開原始程式碼庫GitHub上人氣很高的項目，使Windows和Linux兩大主流作業系統的開發者可以更方便地協作。2017年，微軟在開原始程式碼庫GitHub的「對開源貢獻人數最多的組織」評選中名列榜首。

這種轉型意味著微軟為了滿足更多用戶的多樣需求，正在逐漸地將競爭對手變為合作夥伴。在這之前，如果有

一個微軟高階主管在發佈會上使用蘋果的手機，而沒有用微軟的手機，將會遭到前任CEO鮑爾默猛烈的攻擊。新任CEO納德拉上任後，很快放下微軟與蘋果曾經的爭鬥，而是和蘋果公司，還有昔日競爭對手Salesforce、甲骨文達成合作關係。這樣一來，裝載了別家作業系統的移動設備就可以套用Office應用，用戶就可以「無轉換成本」地在iPad和iPhone等設備上使用微軟的軟體和雲服務。微軟在開放Office之後，又推動Office365的雲端服務化，在不到一年的時間裡，Office的企業活躍用戶就突破1.2億。如今，微軟的雲生態服務更加豐富多彩，不僅有Office365，還有Azure物聯網服務，為使用者提供更加完整、開放的雲生態平臺。

同時，微軟也非常注重和合作夥伴的合力協同。首先微軟明確提出「雲為先」，通過雲服務來協調合作夥伴的協作，全程強調「一個微軟」的概念，讓外部合作者有強烈的歸屬感和團體參與感。並且微軟注重構建合作夥伴網路關係，將其視為關鍵環節。最後，微軟從發展改進現有產品、創新孵化新產品、投資未來產品三個層面來規劃雲生態創新投資。

　　外部戰略的轉變也需要內部資源的重組與調整。納德拉的另一個重大舉措就是對業務架構進行調整。長期以來，微軟一直明確地將Windows作為自己的王牌產品，在商業戰略上也圍繞Windows這個核心來打造。然而在意識到雲計算和雲服務即將帶來的巨大潛力後，納德拉帶領公司梳理了業務架構，放棄了「Windows至上」的戰略，重新構建了微軟的三個業務群，包括：智慧雲業務群，主要針對企業使用者的伺服器產品（包括Azure、SQL Server）；生產力和業務流程業務群，負責商務軟體（包括 Office365、Skype、Bing）開發和維護；個性化計算業務群，負責作業系統及各類硬體設備（包括Windows、Surface、Xbox）。微軟不再將Windows作為一個獨立的業務部門，而是將Windows、Office、Surface等核心業務部門併入體驗及設備事務部，將其他的產品併入雲計算及人工智慧平臺事業部。這一舉措展現了微軟強烈的轉型決心，想要改變以前過度依賴Windows的情況，面向更廣闊的發展方向尋找更多可能，同時也在技術上用開放的態度迎接未來的機遇和挑戰。

　　通過成功的雲生態轉型，2018年全年，微軟股價上漲

了近19％。2018年年底，微軟股票收盤價為101.57美元，市值為7797億美元。2019年初，微軟的市值突破了1萬億美元，創歷史新高，取代蘋果成為世界上市值最高的公司，這是微軟自2002年之後重回市值榜首，領先蘋果約1000億美元。2020年1月1日，微軟以1.2萬億美元的市值成為全球第三大上市公司。

從不對稱結構到合作結構

如果說非要給波特的思想，以及前面我們談到的競爭思維打上「補丁」的話，做了這項補丁工作的人或思想，並非克里斯汀森以及他的破壞性創新理論。競爭是獲得市場優勢、獲取增長的手段，但並不是這局棋中的唯一手段。耶魯大學的拜瑞・內勒巴夫（Barry J. Nalebuff）可能是對波特思想理論最有力的補充者，他和合作者提出了「合作競爭」思想，認為企業通過「合作」來實現自身的市場增長。正如我們在前文中所剖析的—企業為了獲取市場，和對手在能力、資源上開戰，但是開戰成功未必等於

自身絕對稱王，這其中最好的例子就是柯達戰勝了全世界的膠片企業，但在數位化的時代中已不復存在。所以，增長也來源於對合作結構的構建。

換一個市場增長來源的視角——在固有的需求和產品下，一家公司的市場增長來源無非是兩大維度，一個維度是「隨市場容量的增長而增長」，另一個維度則是「在現有的市場容量下，從競爭對手那裡搶奪市場」，當然這兩者之間不排斥、有交集。前面幾章我把關注點更多放在第二個維度，而此章我想解剖的是合作的結構，合作結構在某種意義上是指向「隨市場容量的增長而增長」，卻更具有主動性，比如「塑造市場」。合作結構指的是企業在競爭中應該在何種情境下以合作尋求增長。這種增長戰略，正如我們開篇引入的微軟的案例，它「刷新」自己，通過合作結構，重塑增長。

微軟CEO納德拉「刷新」微軟的具體做法有很多，而我認為對於增長戰略的設計而言，其重要亮點在於「刷新競爭思維」。我還記得當年谷歌作為新興企業誕生並異軍突起時，微軟當時最重要的戰略之一就是將其剿滅，而如今開放性的戰略卻成為微軟走出低谷、重回浪巔的要訣。

的確，從生物演進的角度來講，競爭並非全部的主題。就像人類社會在發展過程中，有戰爭年代，亦有和平時期，而和平時期帶來的GDP增速和社會財富、科技文化所達到的高度，遠遠高於戰爭的掠奪。

前文提到拜瑞・內勒巴夫，這位傳奇教授在耶魯管理學院研究博弈論，將其應用到競爭策略、決策分析之中，又同時執教耶魯法學院，開設談判策略的相關課程，為美國聯邦傳播委員會擔任諮詢顧問，並於1996年與哈佛大學的亞當・布蘭登勃格（Adam M. Brandenburger）合著《合作競爭》一書。他們在書中提出，企業在市場上的行為正如博弈論的場域，但是這種博弈並非一定是負和博弈、零和博弈，也可以是正和博弈。換句話講，市場中的博弈結局並不一定指向你死我傷，對手之間可以正向進化出雙方獲利的局勢，這就是「合作競爭」（co-competition）理論。

兩位教授並在此理論基礎上提出了PARTS模式，認為這五大元素會影響到合作競爭，它們是參與者（player）、附加值（added value）、規則（rule）、策略（tactics）和範圍（scope）。參與者包括供應商、顧客、競爭對手和互

補者。比如微軟與英特爾就是互補關係，亞馬遜的智慧音箱與其他互聯網應用亦為互補關係。互補關係可以幫助競爭雙方擴大整個行業市場。附加值指的是合作競爭中所產生的附加值，比如Linux將代碼開源，讓參與者一起將行業價值做大。規則則指向合作競爭中商務邏輯的設計。策略指合作競爭時的具體策略。範圍是指合作競爭領域的範圍。

合作競爭理論給出的結構和PARTS模式，有點像麥可·波特的五力模型，但是兩者實則差異巨大，五力的結構指向討價還價的能力和盈利性高低，而合作競爭的結構指向「如何做大市場」進行正和博弈。多個企業在既有市場容量中進行分配時，表現為競爭；而多個企業在共同創建一個新市場之際，則更多表現為合作。

這不由得讓我想起博弈論中的囚徒困境，這是博弈論中非零和博弈的經典結局。「囚徒困境」於1950年由美國蘭德公司的梅里爾·弗勒德（Merrill Flood）和梅爾文·德雷希爾（Melvin Dresher）提出，並由亞伯特·塔克（Albert Tucker）以形象的囚徒比喻表達出來。在囚徒困境中，由於兩名罪犯無法信任對方，所以最大的可能是走

向坦白的理性選擇，決策有可能導致集體的非理性結局，丟失掉最大的利益，作繭自縛。

但是變換場景，結局就會變化，這個場景就是「重複博弈」。當把這兩個囚徒再次置於困境之中，假設週期足夠長，讓博弈反復進行，則造成每個參與者有機會對不合作者進行懲罰，並意識到結局會在合作中變化，那兩個囚犯就會傾向於合作——都不招供，從而形成一個新的結構——從對抗趨向於合作。

競爭對驅動公司增長有巨大意義，但是競合的確提出一個新的場景。同時，拜瑞・內勒巴夫提出的PARTS策略，的確給出了一條新的增長思路，但是否可以讓其策略更具體，形成一個更為清晰的合作結構呢？這就是我在此章中試圖剖析的議題。

合作的四種類型

上文談及企業之間的競爭關係和合作關係，但對企業而言，不管是採取偏向於利己的競爭策略，還是偏向於利

圖7-1　合作的四種類型

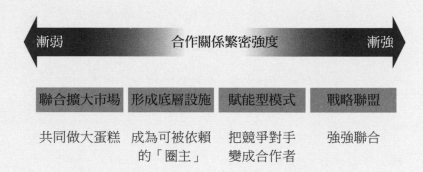

漸弱	合作關係繁密強度	漸強

聯合擴大市場	形成底層設施	賦能型模式	戰略聯盟
共同做大蛋糕	成為可被依賴的「圈主」	把競爭對手變成合作者	強強聯合

他的合作手段，目的都只有一個：在經營中獲得更多的經營優勢並取得增長。商業活動不完全是零和博弈，所以我們不妨轉換一下視角，如果企業也可以從合作中獲取經營優勢並增長的話，會有哪些可能性的棋局？

　　我將企業之間的合作模式按照合作的緊密程度及深度，歸納為四種類型，分別是聯合擴大市場、形成底層設施、賦能型模式和戰略聯盟，這四者共同構成了合作結構（見圖7-1）。這種合作結構與一般性合作的差異在於，

它是把競爭對手變成主動或者被動的合作者，以追求更大的商業價值。

聯合擴大市場

　　根據武漢大學經濟與管理學院汪濤教授的研究，所謂聯合擴大市場，指的是在市場空間較大，或者在市場發展的導入期，且增速迅猛的情況下，企業不必過於將重心放在與其他對手的競爭關係上，雙方的市場行為，如廣告、行業推廣等，應該趨向於「寬容的競爭」。換句話說，在這種情境下，從業企業共同把市場蛋糕做大，要比搶占更多蛋糕更重要。

　　但是聯合擴大市場是一種較為鬆散的合作關係，企業間的合作深度較淺，也沒有進行有目的、有規劃的合作探討。這種關係更多是企業在發展過程中的一種共同開拓市場的默契，雙方在市場導入期一起激發需求點。

　　2020年爆發的視頻直播市場便是這樣的情況。直播其實早在移動互聯網出現之前就已經出現了，但一直不溫不火，還遠遠未到行業的爆發點，早年主要以小眾的美女才藝表演和電子競技的直播為主。最近幾年隨著移動互聯網

和4G　網路的高速發展，視頻直播的底層設施逐漸成熟。但是真正推動此行業爆發的是大玩家入場，尤其是移動互聯網短視頻的出現，讓直播模式真正突破了時間、空間、內容的限制。頭號玩家們用產品和市場費用共同將市場從小眾推向大眾，將星星之火點燃（見圖7-2）。騰訊資

圖7-2　中國短視頻APP用戶數量和使用時長增長（2021年）

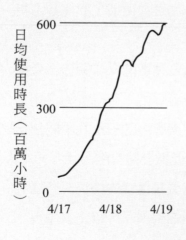
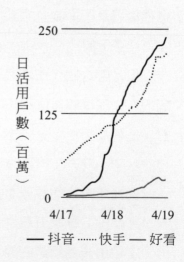

數據來源：QuestMobile

料顯示，抖音、快手目前日活量與月活量的比值雙雙達到0.45，用戶黏性極為可觀。

然而，目前短視頻行業的市場增長也已經陷入瓶頸期。坐擁如此大基數的流量，如何變現才是關鍵。抖音和快手沒有坐以待斃，而是默契地瞄準了早前遇冷的電商直播行業：一方面，直播雖然不能幫助平臺獲取流量，但是卻可以幫助平臺將流量商業化，而這正是獨角獸變現的關鍵；另一方面，由於流量成本比一般電商平臺更低，在抖音和快手上實施低成本增量成長的可能性更高，於是各大電商平臺的商家紛至遝來。從整個棋局來看，雙方（抖音、快手）一方面有競爭行為的產生，另一方面又在共同促進短視頻市場的發展。在互聯網行業中，一種新興商業模式或行業的出現，往往伴隨著「百團大戰」，促使行業從導入期走向爆發期。試問，如果沒有亞馬遜和多家領先公司的耕耘，很多細分市場的電商哪兒有機會冒出來？

無獨有偶，兩家網約車企業「滴滴」和「快的」當年的戰爭其實也有聯合擴大市場之意。兩家公司都在2012年成立，彼時優步（Uber）正在國外發展得如火如荼，而國內也正好有著移動互聯網應用的風口，滴滴和快的迎風而

上，很快成了行業翹楚。在最瘋狂的時候，兩家公司共同占據整個手機打車市場占比的99.8％。而能取得這樣的成績，也和兩者不約而同的低價戰略有關。

由於各自背靠阿里和騰訊，這兩家公司的價格戰打得十分激烈：滴滴燒錢最厲害的時候採用的是每單給用戶隨機減12~20元人民幣的費用，而快的也能保證每單有13元返現給到用戶。除了有紅包之外，滴滴和快的更是提出免除起步價、夜間附加費、燃油附加費、候時費、大件行李費、返空費等一系列額外費用。相較於普通的計程車，兩個打車軟體利用巨大的金額優勢吸引了無數消費者。有資料披露，在這一場戰爭當中，雙方共計為消費者提供了超過20億元的補貼，亦共同培育出一個巨大的市場：對於普通消費者而言，相比於傳統的計程車行業，利用手機打車不但方便快捷，還經濟實惠；對於司機而言，不但可以更清晰地瞭解到各個地區的需求情況，還可以享受滴滴、快的提供的金額補貼和龐大客源。

無形之中，滴滴和快的聯手使行業出現了一種同邊的正網路效應，又稱滾雪球效應：當身邊越來越多人使用打車軟體，打車、併車變得更容易，價格也就更低。而這越

滾越大的用戶基數也成功地吸引住司機端的司機，不斷壯大的司機群體又使得用戶的出行更加便利。用手機軟體打車的方式，走進了國民的生活，而滴滴和快的日後之所以能夠有效合併，這種共同開發市場的競爭默契和貢獻不可忽視。

　　聯合擴大市場的合作關係除了可以做大蛋糕，還有另外一種效果─增強行業整體的壁壘。電商直播爆發讓阿里倍感壓力，視頻直播行業競爭激烈，但阿里卻做不到「鷸蚌相爭，漁翁得利」。雖然目前抖音與快手看似水火不容，你追我趕，但實則都是在探索短視頻與直播電商相互融合的可能性，從某種程度上說，是在聯合擴大未來短視頻行業的整體電商市場。抖音、快手紛紛殺入直播電商領域，即意味著如果未來它們各自能將直播電商業務做大，極有可能發展為像淘寶這樣的綜合電商平臺，那麼它們最終的敵人便是阿里。

形成底層設施

　　其中一部分企業，通過建立底層設施成為可信賴的「圈主」，而其他對手在底層設施上再次創造價值。底層設

施系統類似於社會基礎設施，企業建立底層設施系統的核心在於有足夠的投入、持續的維護以及能夠吸引足夠規模的使用者。底層設施系統難以建立，一旦建成便會成為企業的競爭優勢之一。但是即使通過底層設施建立起優勢，企業也未必需要全盤通吃市場。

　　作業系統一直是消費者在選購手機時的重要影響因素。目前手機作業系統二分天下：谷歌安卓系統和蘋果iOS系統。相較於安卓系統的手機，儘管蘋果價格更高，但由於蘋果iOS系統強大出色的體驗、豐富的應用和更好的隱私安全性，仍有巨量用戶願意為之買單。正如我在前文「競爭結構」中所講——不同的系統相互轉換的轉換成本非常高，一旦選擇了iOS系統，使用者很大概率會一直持續購買蘋果的產品和服務，較難更換品牌。在這種競爭背景下，Google反其道而行，採取另一種策略，將自己的安卓系統以開源協定授權的方式作為底層設施，允許其他廠商免費使用安卓系統。如此一來，底層設施的共用不僅明谷歌增加了使用者對於安卓系統的黏性，同時也擴大了自身所占市場占比。目前，安卓系統的使用者量位元列世界第一。

同樣是意識到了底層設施的重要性，亞馬遜在曾經不被看好的情況下力排眾議開發了亞馬遜雲計算服務AWS，即通過Web服務向企業提供IT基礎設施。目前，亞馬遜雲已是世界上最大的雲計算平臺，以47.80％的市場占比一騎絕塵，占比遠超微軟、阿里巴巴、Google和IBM在相關業務上的總和。AWS在全球的基礎設施已涵蓋22個區域，共有69個可用區，超過200個專用接入點，為6000多個政府機構以及29000多個非營利組織所信賴。和Google的I/O大會和蘋果的WWDC（全球開發者大會）一樣，亞馬遜每年定期舉辦一次堪稱「雲計算行業風向標」的「AWS re: invent」大會，以年度總結、新品發佈和嘉賓分享等環節設置吸引了全球極客的目光，極大提升了AWS在世界範圍內的影響力。

AWS作為眾多互聯網企業賴以發展的基礎設施，可以使企業在短期內處理數以萬計的資料，保障其使用者享受到高品質的網路服務，也使企業的資料業務得到護航發展。貝佐斯將AWS稱為亞馬遜的三大支柱之一，可見其戰略重要性。對於亞馬遜而言，一方面AWS的建立可以支援亞馬遜的海量資料存儲及計算需求，保證自身業務高速

發展無後顧之憂，另外一方面AWS還是亞馬遜重要的利潤點，其利潤貢獻占據亞馬遜總體利潤的90％，對於企業未來發展和長續經營具有雙重重大的戰略意義。從增長五線的角度來看，AWS正在幫助亞馬遜構建B2B業務的底線，同時拉升天際線。

　　他山之石，可以攻玉，亞馬遜的成功亦堅定了騰訊加強底層設施系統建設的決心。作為全球最大的互聯網公司之一，騰訊之所以可以讓擁有8億用戶的QQ、11億用戶的微信正常運行，全仰仗於其強大的底層設施。而在多年前（2010年），騰訊的增長理念還是以競爭為導向，但之後騰訊意識到，用戶和技術資源固然重要，但是發展可以形成生態的基礎資源對企業發展更為重要。而騰訊對雲服務的布局在2010年前後開始，到了2013年，騰訊雲服務正式向全社會開放。時隔6年後的2019年，騰訊更是從內部架構上進行調整，新設雲與智慧產業事業群，大力發展雲技術，意欲通過整合騰訊雲為各個行業提供全方位的數位化服務，推動整個互聯網產業的數位化升級，不再囿於一城一池。

　　對於現如今的騰訊而言，要想做好自身的增長格局，

僅做好單個產品是遠遠不夠的，而是需要讓產品孵化成為一種特有的生態，使得騰訊從一個產品型公司，走向平臺型公司，並最終演化出一種大生態，這也正是騰訊提出的「產業森林」戰略目標。

為了實現這一目標，在過去的幾年中，騰訊不但致力於自身發展諸如騰訊媒體開放平臺、騰訊雲平臺等業務，還會以換股的方式與垂直領域的巨頭進行合作，先後投資搜狗、京東等公司，並將自己意欲發展的非領先業務交由自己的合作夥伴發展。此外，騰訊還活躍在海內外的投資領域，從初創公司到行業巨頭，從當前市場到未來前景，應有盡有。不論是投資健身領域的Keep、交通領域的滴滴出行，還是投資文娛領域的快手短視頻和貓眼電影，都足以證明騰訊大生態的野心。

自身的發展，與巨頭的合作，以及廣泛的投資，騰訊從多個方面構建的生態就像一片森林，物種的多樣性增強了森林的協調性和承載力。這一布局不但成功打破了傳統的行業邊界，還通過跨界融合，把不同的行業連接為一個整體，相互協作，資源分享，最終突破增長的瓶頸，實現迅猛飛躍。自從2010年這個開放平臺的生態戰略實施以

來，騰訊的市值翻了10倍之多。

與這種構建底層架構很相似的是IT界和互聯網界的「開源戰略」。所謂「開源戰略」就是各個企業都將自身軟體的原始程式碼發佈到虛擬社群，並允許該虛擬社群成員對代碼進行修正、改進和創新，最終由社區內所有成員共用成果。可以說，世界範圍內的IT界和互聯網界都對開源戰略一致推崇。騰訊在大陸市場也是這一戰略模式的引領者。一方面，開源可以避免許多重複性的開發。共用代碼的行為可以避免很多軟體研發者在基礎程式上耗費精力，極大地降低了研發成本。如此一來，研發者們也更樂意去使用開源軟體，明企業迅速拓展市場。另一方面，正所謂群策群力，開源也鼓勵不同的研發者互相交流，靈感也更容易在碰撞中產生，進而促進整個行業的進步。這不但大大節省了企業的精力，也使整個行業進入一種良性迴圈。

賦能型模式

這種合作模式通常指企業通過自身已經具備的資源優勢、產業鏈規模、品牌勢能、行業經驗及影響力，為同

業或者上下游企業進行賦能，除了在資源端提供相應的服務和支援，甚至還會幫助其他生態內企業進行發展，這樣就可以使企業倍數級地提高生產力，讓原本所及的能力達到「四兩撥千斤」的效果。賦能型合作模式的本質就是使自己的能力和資源通過外化交易形成槓桿型增長，這正如老子在《道德經》中所講，「以其不自生，故能長生」（意思是天地之所以能夠長久存在，是因為天地不為自己而生，所以能夠長久。此處表明賦能於夥伴方可增長。）

便利店，顧名思義，其價值就在於「便利」二字，而一個良好的位置則可以使得便利性最大化。但是這樣的「黃金位置」，卻常常早已被一些當地的夫妻店牢牢占據。這對於想要拓展店鋪數量的7-11而言，並不是單單用錢就可以解決的問題。

而7-11卻通過與這些夫妻店進行合作的方式，將這些掌握著「黃金位置」的夫妻店成功收編入自己的版圖。

與其說是合作，不如說是為這些夫妻店「賦能」：7-11不但利用自身強大的供應體系以及完善的後臺資料為夫妻店在商品開發、經營、商品陳列等各個方面提供建議，而且利用連鎖經營的優勢為夫妻店在採購、物流等環

節減輕經濟負擔，最終實現盈利。而在利益分配上，7-11也毫不吝嗇地將因賦能所帶來的利潤的55%~57%分給了夫妻店。

如此一來，兩者便形成了一個緊密的命運共同體：被賦能的夫妻店相比於其他夫妻店而言有了更大的發展空間，店主也更有積極性；而7-11不但降低了自身風險，也可以將更多的精力投入為更多的夫妻店賦能，並賺取利潤分成。可以說，7-11的賦能模式使得雙方的利潤都有了質的飛躍。

這樣的模式也帶領著7-11殺出重圍，走向成功，成為全球規模最大的便利店品牌。截至2019年2月，7-11在全球範圍內的門店多達47360家。在日本的20900家門店當中，僅有500家真正隸屬於7-11集團，而超過19500家門店都得益於這種賦能模式，真正實現了共同發展。

消滅敵人最好的方式不是幹掉敵人，而是把敵人變成自己的盟友。在中國地產行業，萬科就採用賦能的模式，通過「小股操盤」的方式對傳統的增長模式進行了優化，將原本是競爭對手的房地產開發商變成了合作夥伴。

「小股操盤」，就是指萬科在一個項目中只持有很少

的股份，卻能夠擁有操盤權。這種小股操盤模式是借鑒了鐵獅門和凱德的一種輕資產營運模式，通過出讓股權，投入較少的資金，贏得關鍵操盤權。由於專案仍然由萬科團隊操盤，萬科能夠輸出品牌和管理，而利益相關的合作者能夠享受到萬科帶來的信用資源和採購資源。

賦能的新商業模式給萬科帶來了許多好處。最顯而易見的好處就是大大提升了公司的資金回報率。而另一個重要的好處就是將競爭對手變為合作夥伴，共同做大市場。傳統模式中，萬科和二、三線城市的地產開發商是競爭關係；在賦能模式中，萬科把土地、資金、當地關係都劃分給開發商，萬科憑藉品牌溢價和標準化的專案管理能力對專案各環節進行精細化的專業管理。而在收益分配上，萬科會和合作夥伴約定收益標準，並不直接按照股權進行收益分配，而是會制定浮動的分配標準。這樣雙方實現優勢互補，協力合作，將原先的競爭關係轉變為合作關係，共同獲益。

通過小股操盤的賦能模式，萬科利用合作夥伴帶來的資本和資源獲得了更多的開發專案，加快了其擴張速度。公司年報顯示，2018年，按建築面積計算，萬科82.6％的

新增項目為合作項目。這種新型商業模式已經成為萬科新開發專案的重要方向。

　　用賦能型模式來架構增長的還有「小米」。在這個講究專業化分工的時代，許多企業只專注於自身相關領域。但小米卻從來不被這些限制，以手機聞名卻沒有局限於手機行業，而是以手機為核心，不斷向外拓展產品範圍。小米集團2020年全年總收入達到2459億元人民幣，同比增長19.4％，這一亮眼的數字背後，除了小米自身的努力，也離不開小米特色的賦能型模式。

　　另外，小米則會對一些獨立營運的公司進行投資，秉持著「只參股不控股，只幫忙不添亂」的原則，使投資的公司成為小米生態鏈中的一部分。除了實在的資金賦能，小米還會提供線上線下多個管道 明這些企業進行產品銷售，更是與各公司共用自身高達3億的用戶基礎，讓「米粉」們為賦能公司的產品保駕護航。與此同時，各個公司也可以利用小米的品牌效應為自己融資、開拓市場背書。可以說，一旦進入小米生態鏈，就是進入了一個巨大的火爐，僅是餘溫都足以讓一個公司發光發熱。

　　而在賦能企業的選擇上，小米也有一套自己的邏輯：

圖7-3 小米生態鏈

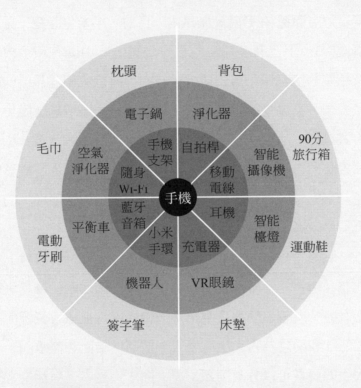

公司所處行業關注度高低，產品是否能夠有效解決使用者痛點，團隊是否具有相近的氣質以及企業文化是否與小米契合等方面都 在考慮範圍以內。目前，小米生態鏈（見上頁圖7-3）上已有多達三四百家公司，其中既有和手機行業相關的空氣淨化器公司，也有和手機行業相差甚遠的床墊公司。不論是使用者研究、產品手機周邊智慧硬體生活方式設計、品質控制，還是供應鏈管理、品牌行銷，小米都會參與其中，甚至完全掌握，也因此，小米生態鏈形成了一個完整的孵化、助推矩陣，使得小米與生態鏈上的各公司得以攜手發展，互相成就。

　　賦能型模式可以再演化為生態型戰略（見圖7-4）。我在《增長的策略地圖》一書中曾詳細論述過什麼是生態型戰略，所有生態型企業都是通過共用六種核心資源而建立的，我稱之為六大生態要素。按照供給面和需求面，六大生態要素可以分為兩類：需求面三大要素，包括對客戶資產、品牌價值、管道通路的生態化共用；供給面三大要素，包括對源技術創新、人力資源、生產製造等核心資源的共用。

　　六大生態要素好比化學基本元素，進行不同組合可能

圖7-4 生態型戰略

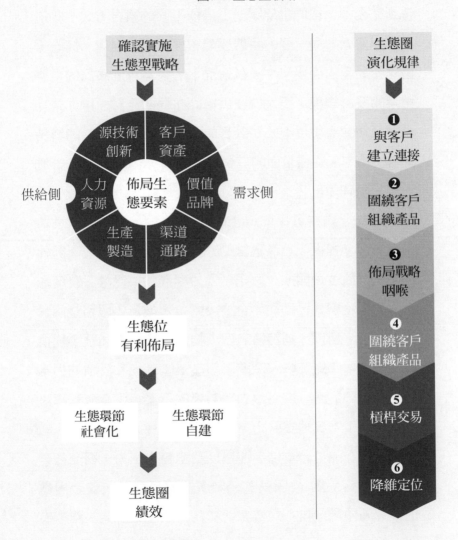

得到完全不一樣的生態圖譜。這種不同的組合方式，我稱為生態要素布局。好的生態要素布局有兩條規律。第一，優先布局需求面要素。多數情況下，在需求面布局的生態企業的發展規模，要大於在供給面布局的企業。這就是互聯網公司或者數位型公司談到的「以用戶為核心」的增長邏輯。第二，從需求面的三要素布局講，客戶資產 > 管道通路 > 品牌價值。

　　傳統行業亦可採取這種賦能模式。「蜀海」即是為「海底撈」提供後端供應鏈的公司，幾年前開始逐漸對外部連鎖餐飲客戶開放，做起了協力廠商的供應鏈服務商。企業的業務模式已經從「企業後勤」轉型為「服務整個餐飲行業」。目前，蜀海擁有四大物流生產中心和蔬菜種植園、羊肉屠宰廠及多家戰略聯盟產業基地。和其他的供應鏈企業不同的是，蜀海致力於為餐飲行業提供全流程解決方案。除了為其他餐飲企業提供研發、採購以及生產上的幫助，還在品控、倉儲、運輸以及銷售上出力。蜀海甚至開拓了金融服務， 明餐飲企業解決難以貸款、資金周轉困難等問題，以自身的資源切實為餐飲企業賦能。同一模式下的美國供應鏈巨頭Sysco年銷售額可高達400億美元，

相信在未來，蜀海也有希望成為中國版的Sysco。

戰略聯盟

　　這是一種更加深層次的合作關係。它是兩個或多個企業因有著共同的戰略利益和對等的經營實力，所形成的一種優勢互補、風險共擔、部分資源分享的緊密合作模式。一個運作良好的戰略聯盟通常能實現多方共贏。

　　思科公司就是戰略聯盟的發起者，與思科進行戰略聯盟的公司包括蘋果公司、微軟、IBM、Google、Arista網路等等，其內容涉及智慧財產權合作、技術研發、市場品牌合作等各個方面。蘋果公司的CEO庫克明確表示，他希望蘋果與思科的關係「即使我死了仍能持續下去」。而思科的CEO約翰・錢伯斯在2014年致股東的信中袒露，思科在全球的快速增長離不開其「自研—收購—聯盟」（build-buy-partner）創新策略，錢伯斯將技術上的戰略聯盟放到與公司自我研發同等的高度。思科公司認為，唯有兩家公司都能從合作中獲得短期和中長期利益，這樣的合作才有必要。而建立戰略聯盟也存在著門檻，只有當合作夥伴擁有思科不具備的技術或專業優勢，且併購又存在過

大障礙的情況下，才有建立聯盟的可能。在確立聯盟關係前，需制訂目標明確的商業計畫，並將聯盟成功與否與業績掛鉤。在聯盟關係結束後，仍需維持正常關係，時刻做好再次合作的準備。為了保證善後服務，思科更是建立了一系列相應部門，為每個聯盟夥伴快速設計定制高品質的服務。

戰略聯盟的雙方都能在合作中獲得極大的財務收益，也是這一模式得以延續的關鍵。思科不但可以保證自己的投資回報率高於30％，也可以保證自己在獲一分利的同時，聯盟內的企業也可以因此得到二至三分利。除了切實的利益，更多的是看不見的隱形收益，比如聯盟內的企業可以更快地將自身的產品和服務推向市場，共用實踐經驗等。思科年報顯示，早在2002年，思科在戰略聯盟上的收益便占公司總收入的10％，總額高達20億美元。

與此同時，惠普也得益於這一合作模式。惠普甚至為戰略聯盟設立了夥伴級聯盟經理職位，方便惠普監督公司與聯盟內各企業（包括思科、微軟、IBM等）的合作，並通過內部培訓計畫與定期派遣深造計畫，使經理們可以掌握最前沿的關係管理方式。惠普更是打造了60種工具和

模式，用於指導在戰略聯盟合作過程中可能需要做出的決策。從結果來看，惠普公司不但因此獲得了大量互補性資源，有了進入新市場的機會，還降低了研究與開發的成本投入風險，大獲成功。

聯合擴大市場、形成底層設施、賦能型模式和戰略聯盟，這四種合作結構可以成為企業進行增長設計的考慮方案。商業對手之間所形成的某些合作能夠為市場，亦能為自身創造更多的商業價值。在成都武侯祠，有清代趙藩評論諸葛亮的「攻心聯」，上聯是「能攻心則反側自消，自古知兵非好戰」，意味深長。兵法中既講戰，亦講合，商業世界也是如此。

關於合作的忠告

在本書的「競爭結構」這一章，我曾剖析亞馬遜電商在2019年7月18日不得不退出中國市場的關鍵原因。其實，按照競合思維所形成的「合作結構」，亞馬遜如果仍然想在中國電商市場發力，並非沒有可能。

　　比如，亞馬遜完全可以利用自身構建的價值天際線，利用市值的不對稱，重度持股京東，讓對手變成自己人。2004年的亞馬遜收購卓越，2016年的優步參股滴滴，2011年的阿里投資美團，都是此棋路。亞馬遜也可以通過股權互換與天貓合縱連橫，結成戰略同盟，狙擊京東。總之，當增長的思路真正打開後，並沒有一盤棋局是死局。

　　我之所以把合作結構放在競爭結構之後，也有深意。在2008年全球金融危機之後，麥可‧波特反思資本主義的掠奪式競爭策略，於是在《哈佛商業評論》上發表雄文《創造共用價值》，其「共用價值」（sharing value）的提出就含有合作與生態的用意。2010年，菲力浦‧科特勒出版《行銷革命3.0》，也提出了用願景和行動，與利益相關者構建共同體的思想；同一時期，拉金拉德‧西索迪亞（Rajendra S. Sisodia）所創作的《友愛的公司》一書，在管理理論上與科特勒相互呼應。此後10年裡，戰略、市場行銷和管理等方面的研究者，都把視野放在合作、共創、共生這些詞彙上。但是我必須說，這些趨向於合作的思想，並沒有結構化。更值得警醒的是，合作結構必須把地基

建立在對競爭對手具有強烈的競爭威懾力（即議價能力）之上，否則合作結構的建立不過是癡人說夢，是弱者的一廂情願。也就是說，合作結構必須建立在競爭結構之上。

本章的最後，我想講一個有趣的故事。中歐國際工商管理學院的外方院長佩德羅·雷諾（Pedro Nueno）回顧自己在哈佛商學院讀工商管理博士的經歷時，談及一次奇特的見面。1973年，雷諾博士即將進行論文答辯，他收到一位CEO的邀請，並與之在其私人直升機上進行了座談。這位CEO滿懷激情地告訴彼時年輕的雷諾，未來的攝影世界，不會是膠片，而必定是數位技術。回到波士頓後，雷諾把這個觀點寫入博士論文中。果然，幾十年的風雲變幻，數位技術替代了膠片，行業巨頭柯達也從神話的寶座上跌落，2011年其股價跌幅超80％，並最終於2013年5月正式提交退出破產保護計畫。在講述這個故事之後，雷諾博士發問：你們知道1973年在直升機上給我講數位化未來的CEO是誰嗎？在座的朋友們搖頭。雷諾說道：他，就是柯達當年的CEO。

作為最早看到數位化趨勢並投入其中的柯達，在1975年就生產出了第一台數碼相機，但是隨後，柯達只是將其

作為後備競爭的武器隱藏起來，對行業封鎖，把數位數碼影像技術封存在專利箱中，而沒有想到將它作為一種底層系統對行業開放或者賦能，最終失去了構建起新護城河的機會。柯達這家歷經百年而不倒的企業，在數位化浪潮之下難逃一劫，成為商業史上令企業界深刻反思的「大敗局」。在這場「大敗局」裡，我們固然可以總結出許多的經驗和教訓，但是在本章最後，我僅想提出一個問題——如果當時柯達有競合觀念，並形成理性的「合作結構」，其商業歷史是否可以改寫？

思想摘要

- 在固有的需求和產品下，一家公司的市場增長來源無非是兩大維度，一個維度是「隨市場容量的增長而增長」，另一個維度則是「在現有的市場容量下，從競爭對手那裡搶奪市場」。

- 合作結構在某種意義上是指向「隨市場容量的增長而增長」，卻更具有主動性，比如「塑造市場」。合作結構指的是企業在競爭中應該在何種情境下以

合作尋求增長。

- 市場中的博弈結局並不一定指向你死我傷，對手之間可以正向進化出雙方獲利的局勢，這就是「合作競爭」理論。

- 合作模式按照合作的緊密程度及深度，可以歸納為四種類型，分別是聯合擴大市場、形成底層設施、賦能型模式和戰略聯盟，這四者共同構成了合作結構。

- 所謂聯合擴大市場，指的是在市場空間較大，或者在市場發展的導入期，且增速迅猛的情況下，企業不必過於將重心放在與其他對手的競爭關係上。在這種情境下，從業企業共同把市場蛋糕做大，要比搶占更多蛋糕更重要。

- 形成底層設施，指其中一部分企業，通過建立底層設施成為可信賴的「圈主」，而其他對手在底層設施上再次創造價值。

- 賦能型模式，指企業通過自身已經具備的資源優勢、產業鏈規模、品牌勢能、行業經驗及影響力，為同業或者上下游企業進行賦能，除了在資源端提供相應的服務和支援，甚至還會幫助其他生態內企

業進行發展。這樣就可以使企業倍數級地提高生產力，讓原本所及的能力達到「四兩撥千斤」的效果。

- 戰略聯盟，是一種更加深層次的合作關係。它是兩個或多個企業因有著共同的戰略利益和對等的經營實力，所形成的一種優勢互補、風險共擔、部分資源分享的緊密合作模式。一個運作良好的戰略聯盟通常能實現多方共贏。

- 更值得警醒的是，合作結構必須把地基建立在對競爭對手具有強烈的競爭威懾力（即議價能力）之上，否則合作結構的建立不過是癡人說夢，是弱者的一廂情願。也就是說，合作結構必須建立在競爭結構之上。

8

CHAPTER

價值結構

市場在短期內是一台投票機，
但在長期內是一台秤重機。

—— 證券分析之父 ——
班傑明·格雷姆勒（Benjamin Graham）

增長結構之價值結構圖

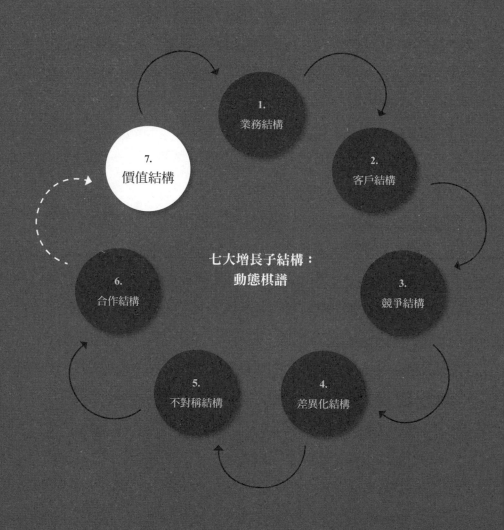

七大增長子結構：
動態棋譜

　　思考一個問題：時光回溯至2003年，而恰好你有10億美元，並立下誓言要使整個汽車行業有翻天覆地的變化，你會選擇怎麼做呢？

　　很巧的是，在當年至少有兩個人和你有一樣的條件，也有一樣的想法：他們中的一個是矽谷科技新貴馬斯克，他剛剛把自己手中的PayPal以15億美元現金出售給了eBay，鬥志昂揚地準備在汽車行業大顯身手；另一個人則是豐田的CEO張富士夫，他剛剛帶領自家企業成為世界第二大汽車公司，心心念念地想著怎麼才能將豐田汽車做到世界第一。

　　17年後，張富士夫沒能讓豐田成為汽車行業的第一，而馬斯克和他的特斯拉電動汽車公司卻運用創新一舉顛覆了整個汽車行業。

　　汽車是典型的傳統製造業，可是特斯拉卻在思維上把它從底特律時代帶入了矽谷時代。特斯拉雖然生產汽車，但從成立之初就將公司放在矽谷而非底特律，並由具有互聯網基因的團隊來運作這個企業。在特斯拉團隊裡面，有來自蘋果公司負責用戶體驗的高階主管來嫁接消費互聯網的電子基因，有來自航空航太業的首席技術官將航空航太

技術植入汽車製造過程，還有來自豐田主管生產方面的技術人員來把控生產。

　　但特斯拉的顛覆不僅體現在與傳統車企不同的底層思維，也體現在它通過技術創新創造的新價值上。在技術方面，特斯拉的電池技術首屈一指，特斯拉通過對電池安全性和耐用性的技術提升，保證了電動汽車與傳統汽車近似的體驗。特斯拉的電池充放電1500次內都是安全的，而一次充放電大約能跑300公里，如果一輛自用汽車一年行駛20000~30000公里，這個電池也可以使用10年以上。同時特斯拉的全系車底盤都是採用高密度鋁合金支架，從而更好地將主體部分的電池裝置嵌在裡面，同時也保證了續航和安全性。特斯拉在發動機上也有著突破性的技術創新，對於一輛常規的寶馬5系汽車來說，發動機的成本會占汽車總成本的20％，但是特斯拉卻能夠將發動機的成本從7000美元控制到3500美元，便宜了將近一半。

　　技術價值是基礎，但是技術價值是否能夠創造客戶價值才是增長的關鍵，君不見有多少以核心技術為起點的公司倒在了商業化的道路上。對於特斯拉而言，強大的技術研發能力和因其建立的科技壁壘固然功不可沒，但對於顧

客需求的價值選擇也是其突破式發展的重要因素。特斯拉首先選擇的主要受眾就是那些愛好環保、愛好科技的高端人群。換句話講，特斯拉進入市場的時候首先做了一個減法——為少數人服務，採取聚焦式的產品定位與客戶群定位策略。在產品定位上，馬斯克並不將特斯拉定位為大家印象中不高端的電動車，而是新創造了一個品類——夢幻超級跑車（足夠高端，只有一款），這體現在它的百公里加速用時4.3秒、純電動、零排放、17英寸液晶屏中控、行動上網，以及可通過軟體升級提升車輛配置等性能上，而且它的價格還比競品跑車低20％以上。

　　從早期的天使客戶來講，馬斯克主要抓住兩部分：當時在矽谷和好萊塢的「當紅炸子雞」，我們所熟悉的谷歌早期創始人、施瓦辛格都是特斯拉的首批用戶。而這些人身上自帶的光環也帶來了號召效應。重要的是，這批天使客戶存在幾個典型的市場特質：有明星效應，有環保責任感，對續航能力不敏感，有號召力，不差錢。除了更好的性能，特斯拉也在用戶體驗上不斷深挖，把對核心客戶需求的滿足想方設法地做到極致。特斯拉強調了三個核心價值：技術、酷以及環保。那麼，如何給用戶提供一款高端

電動跑車，這款跑車不但擁有極強的性能，還要像一個大玩具一樣，新增很多的技術與亮點？這就是特斯拉致力於解決的問題。就拿Model S來說，只要通過手機App，用戶就可以遠端掌控車的位置，觀察充電狀態，提前打開車上的空調。特斯拉更是選用了17英寸的觸控螢幕作為控制中心面板。在這塊螢幕上，車主可以自主調節車輛的行駛模式和參數，也可以輕鬆控制車輛的底盤高低與燈光。而且，這塊觸屏還是連接互聯網的主力管道，系統可以在這裡進行聯網升級。在那個大家還在討論電動汽車如何通過不斷提升自身體驗來趕上傳統汽車腳步的時代，特斯拉就直接告訴客戶：我生產的不是傳統汽車的替代品，而是未來駕駛體驗載體。

除了為客戶創造價值，特斯拉更看重對客戶價值的維護—為客戶創造終身價值，來提高忠誠度：特斯拉不僅保證為售出汽車進行8年內免費維護或者更換電池，還致力於在全美搭建太陽能板充電網點，解決使用者充電難題。在未來，不論東西南北，只要附近有特斯拉的充電網點，客戶都可以免費使用。此外，特斯拉更是推出了一項90秒內更換底部電池的新技術，改進電動車電池更換步驟煩瑣

的缺點。也就是說，加一次油的工夫，特斯拉便可以更換兩次電池，一改往日電動車的痛點。

特斯拉優先滿足高端客戶需求的價值選擇在某種程度上也為其建立了一個極佳的競爭壁壘。在普通的電動車行業，續航里程和製造成本的關係就像魚和熊掌，一般不可兼得。為了提升自身的續航里程，唯有增加電池，才能適應普通消費者的需求；而為了提升電池的效率，又不得不使用更好的電子控制系統。但特斯拉豪華車的定價，在為客戶體驗提供了充裕發揮空間的同時，也為特斯拉帶來了豐厚的利潤。

在行銷模式上，特斯拉也展開了對汽車行業傳統行銷模式的顛覆，它的核心行銷模式是「去仲介化＋粉絲黏合經濟」。過去，汽車的行銷管道只有4S店，或者通過汽車經銷商銷售。但是特斯拉拋棄了原有的模式，選擇建立體驗店，並進行互聯網直銷。從實質上講，體驗店承擔的是塑造客戶感知的功能，有趣的是，特斯拉體驗店不是在常規的郊外，而是在高端購物中心，旁邊往往是時尚用品店。

在市場推廣上，特斯拉投入的硬廣告費用幾乎為零。特斯拉沒有在傳統媒體上進行行銷投入，不做任何電視、

平面媒體廣告，而是主要依靠數位媒體下「意見領袖 + 粉絲經濟」的雙重作用來推動行銷。正如前文提到的，特斯拉通過將矽谷的英雄人物和好萊塢明星招徠為首批試用者的方式，瞬間將他們的粉絲轉換為特斯拉的粉絲，而粉絲又在自己的社交媒體圈中進行傳播，分享消費體驗，尋找認同感，在同城交友構建粉絲社群，營造品牌的社區價值。

特斯拉另外一個非常重要的模式是就是預訂模式，把原有的供應鏈模式轉化為基於客戶的需求鏈打造。與傳統的銷售模式完全相反，特斯拉只會在預訂並支付完部分現金後，才生產車輛，進而向供應商支付款項。而車型不同，預訂金也不同。正是這一預訂模式，使得特斯拉可以擁有充足的現金流，有人幫特斯拉算了一筆賬：假設在3年的時間裡，一共有2萬名車主預訂車輛，那麼光是預訂金就有10億美元之多。這樣一筆龐大的資金不但可以支撐新車型的研發，還可以保證公司的正常運行。

談及特斯拉的服務，雖然在很長一段時間特斯拉都沒有自己的服務店，但是其控制中心提供的雲服務可以 明汽車進行診斷，解決掉大部分的小問題；如果控制中心也

無法解決問題，那麼車主可再聯繫特斯拉的服務中心。這一售後服務體系的設立，既方便了車主，又大大減少了特斯拉售後服務部門的工作量。

最後，讓我們來看看特斯拉在資本市場的表現。儘管早些年的特斯拉總是離不開「虧損」二字，但自2018年第三季度扭虧為盈以來，特斯拉的增長趨勢就一直保持在十分積極的狀態。即使受到疫情的影響，被迫關閉工廠，特斯拉在2020年第一季度仍取得了1600萬美元的利潤，共營收59.9億美元，同比增長32％，大大超出市場預期。特斯拉的股價也因此在財報發佈後上漲9％，成為2020年納斯達克綜合指數成分股中漲幅最大的股票，近一年漲幅達285.55％。被視作高科技行業代表企業的特斯拉目前市值已經突破1500億美元，比大眾、本田、通用三大傳統汽車廠商加起來的總市值還高。

價值結構的增長

開篇的特斯拉案例，給我們提出一個重要問題：增

長究竟最終以什麼為結果？在前面七章，我們對不同結構做了細緻剖析，可以從業務布局上看，可以從客戶結構上看，可以從競爭優勢上看，我們還可以再遞進一層，那就是增長如何幫助利益相關方創造價值，即如何在保持企業長期穩定發展的基礎上，實現企業價值的不斷增長，以便合理滿足各個利益集團的要求。

如果說增長有唯一明確的目標或者靶心的話，那這個靶心可以回歸到價值上。過去很多公司的CEO把增長建立在市場占比或者規模之上，結果隨著規模增長，所實現的企業價值可能遞減，出現「價值負向增長」的情況，甚至有些公司的資產在外部黑天鵝事件發生時，一下子全變成資源黑洞。而當把價值確立為區分「好增長」與「壞增長」的核心金線之一時，我們會發現標準清晰起來，比如公司業務到底是否實現了可觀的財務回報，是否讓客戶感知到利益的提升，公司在資本市場的市值是否得到提升，等等。然而，我把「價值結構」放在最後一章，是因為價值偏向於驗證增長的結果，而之前六大結構是指向這個結果的過程。前六大結構與價值結構就像一個「方法—目的」鏈，或者叫作「過程—結果」鏈。

　　當我們提出「價值增長」的時候，不由得要首先破解什麼是價值。價值，似乎變成了一個模糊抽象的概念。而正如我在 企業界諸多場合所言，模糊的話語只能反映模糊的頭腦，定義「價值」，界定「價值的結構」尤其關鍵，否則會陷入學理上的 「語言腐敗」以及企業實踐中的困頓。所以，無數企業和專家所言的「價值」究竟是什麼？是利潤嗎？如果是，特斯拉在很長一段時間內都沒有盈利，但我們無論如何也無法否定其價值。是市值嗎？樂視網市值最高時曾一度達到1700億元，可惜終究還是曇花一現。

　　這就是我們在這一章需要剖析的——價值結構。根據新古典主義經濟學的定義，價值就是商品在一個開放和競爭的交易市場中的價格。經濟學的定義可以反映出，價值主要由商品的需求而非供給決定。換成市場學的語言，所謂「創造價值」，即折射出交易方對商品交易中增值點的認可。而價值結構是一組用來判斷企業價值增長結果標準的組合，我將其分為三個層次，即客戶價值、財務價值以及公司價值（見下頁圖8-1）。

圖8-1 價值結構的三層次

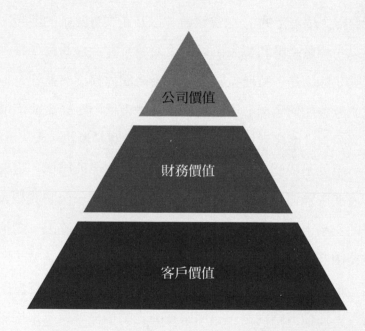

圖8-2 CVA 模型

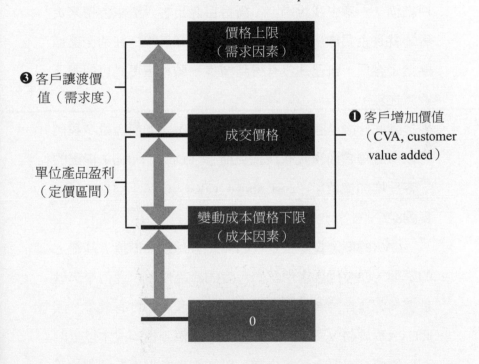

客戶價值

客戶價值是其他價值的基座，所以我們先看「客戶價值」。再次強調，客戶價值不等於客戶需求，在本書「客戶結構」一章中我說過，不斷盲目滿足客戶需求會帶來災難，就是企業無法贏利，競爭者和企業最後把紅利全部補貼給了客戶，自己卻沒有得到增長，盈利區更是可能遭遇毀滅之災。

到底什麼是客戶價值？客戶價值應該如何衡量？我們可以參考華頓商學院教授塞克斯頓（Don Sexton）提出的「客戶增加價值」（cost above value，CVA）模型（見上頁圖8-2）。

CVA的概念實際上是在CPV（客戶感知價值）基礎上的延伸，CPV代表客戶認知角度的產品價值，通俗來講就是客戶認為你的產品值多少錢。而生產產品會有成本，因此CVA等於CPV與變動成本之間的差值，也叫成本以上的客戶價值，本質上就是企業可以從客戶身上獲取利潤的空間範圍。可以簡單理解為，你的客戶願意為你的產品支付的錢，減去你生產這個產品的綜合成本，就是「客戶增加

價值」。一般來講，產品的成交價需要低於CPV，因為如果產品成交價格高於CPV，客戶就會感到吃了虧，那麼客戶基本上就不會再次購買了。所以企業不應該將全部CVA作為自己的利潤空間，需要讓渡一部分利益（從客戶的角度來看就是價值）出來，讓客戶覺得「買得值」，以此來刺激客戶對於產品的需求，提升購買意願。因此客戶感知價值和成交價格之間的差距就是客戶讓渡價值。

　　我們舉一個例子。在「小米1」發佈之前，市面上存在兩種類型的手機：一種是售價在1500~2500元人民幣的功能機，比如諾基亞6300；另外一種是售價在4000元以上的智慧手機，比如蘋果和三星手機。小米1橫空出世，直接將智慧手機的價格拉到了功能機的水準，但是性能和客戶體驗卻不遜色於四五千元的智能手機。因此客戶看待小米1的CPV就是4000元，而小米1的變動成本在1200元左右，所以小米1的CVA是4000－1200＝2800元。小米1的售價是1999元，所以小米1的客戶讓渡價值達到了2001元！因此從這個角度來看，即使不說所謂的饑餓行銷和供應能力問題，小米1也必然是一部可以大賣的手機。（值得一提的是，小米在給予客戶如此大的讓渡價值前提下，還獲

得了盈利，也就是下一小節講的財務價值。）

　　當然，CVA更多是一個學術概念，我們大可不必糾結於這些定義，更需要關注的是基於這個概念——應該如何衡量客戶價值。什麼是客戶價值？從企業角度看，客戶價值就是CVA；而客戶更關注的是CPV以及獲得這樣的CPV需要花費的價格，也就是客戶成交價格。但如何提升客戶對於產品價值的感知度（CPV）是企業和客戶都需要關注的。因此企業在打造產品和品牌的時候都要在成本可控的前提下，盡可能地讓產品有更多價值感，這樣才可以讓產品賣更高價，獲得更多利潤。還以手機為例，比如說蘋果手機的客戶感知價值就遠遠高於其他品牌的手機，因此即使它的售價高於其他廠商的手機，其客戶讓渡價值也比一般手機要高。表現出來的結果就是蘋果手機不僅賣得貴，還賣得多，利潤也很豐厚。

　　CVA模型主要有三個用途。第一，強調企業需要足夠重視客戶對產品價值的感知，這需要通過品牌打造、良好的服務等手段盡可能高地提升客戶感知價值，以此提升與同業競爭時的競爭能力：賣價比同類產品高，客戶仍然覺得比買其他產品更值。第二，CVA模型可以用於產品的定

價策略，產品定價可以根據需求強度進行調整，這取決於企業願意給到客戶多少讓渡價值。第三，它刻畫出企業在CVA上價值增長的路徑，比如盡可能增加客戶感知價值的同時，保證可以獲得更多利潤，或在盡可能滿足客戶需求的情況下，提升客戶感知價值，以獲取更多利潤，這其實就是菲力浦・科特勒對市場行銷的本質最凝練的概括「可贏利地滿足客戶需求」。一家卓越的公司，就是在CVA上不斷創造增長的公司，它所創造的CVA越高，其業務可預見性的增長就越強。

財務價值

比CVA更容易計算的結果是公司創造的財務價值，即價值結構的第二個層次。財務價值中對增長比較重要的指標是企業的盈利性，即利潤區大小。一家企業的利潤越高，給股東的回報可能就越大，而最重要的是，其可支撐公司長期投入與增長的資源就越多。的確還有很多獨角獸型，乃至已經上市卻還沒開始贏利，存在著價值基石的公

司，但這並不等於它們永遠不需要贏利，只是在目前的結構中以使用者增長為主，達到一定規模後，企業必然要贏利，其背後的邏輯必然指向利潤。

　　既然談到利潤，就必須有一個清晰的結構去破解利潤公式，而最好的分析法莫過於杜邦分析法。1912年，杜邦的業務人員法蘭克・唐納德森・布朗給公司寫了一份報告，指出「有三個核心指標可以破解公司的利潤邏輯」，三個指標分別是公司業務是否贏利、公司資產使用效率如何以及是否具備債務風險。這個方法後來被杜邦公司的決策層採納，被稱為「杜邦分析法」，而布朗本人也成為杜邦家族的女婿。這個著名的價值公式表述為：

$$淨資產收益率 =$$
$$總銷售淨利率 \times 資產周轉率 \times 權益乘數$$

　　這些指標也可以一層一層再細化，形成如圖8-3杜邦分析法的價值樹。

圖8-3 CVA 模型

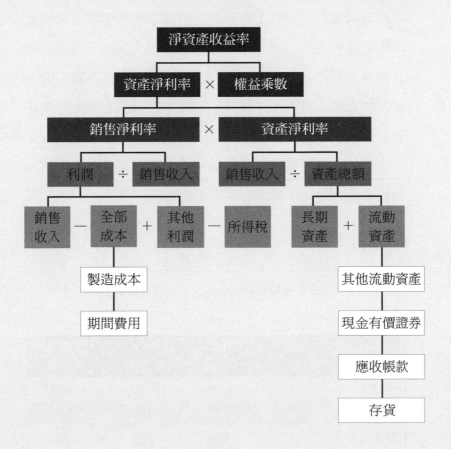

　　我們從財務價值的角度來看中國造車新勢力的增長問題——雖然2020年領先企業好消息不斷，但是避免陷入「倖存者偏差」尤其重要。之前中國市場宣佈製造新能源汽車的新勢力有超過60家，但造車需要大量的前期投入和有競爭力的技術與產品，因此大部分新勢力逐漸被市場淘汰，如賽麟、博郡、拜騰等品牌接連宣佈造車失敗。即使是已經上市或者準備上市的中資新勢力，除了理想汽車交出了正毛利率的業績外，無論是蔚來汽車還是小鵬汽車，也都未能在2020年實現毛利轉正（見表8-1）。

表8-1 造成新勢力2020年市值與毛利率表

	市值（億美元）*	2019年毛利率	2020年上半年毛利率	上半年交付車輛數
特斯拉	2700	16.5%	20.8%	179,387
蔚來汽車	168	-9.9%	-7.4%	14,169
理想汽車	141	8%	13%	9,666
小鴨汽車	上市籌備中	-38.2%	-3.6%	5,174

* 截至2020年8月9日美股收盤數據。

　　雖然領先的造車新勢力已經在逐步提升營運，且各家的量產車交付已經逐步穩定，虧損缺口也在逐漸縮小，但大部分造車新勢力還在蹣跚前行中。隨著一部分只能「PPT 造車」企業被市場無情淘汰，領先企業的確迎來了一個局部拐點，然而只有造車新勢力們可以持續創造出財務價值，讓淨資產收益率轉正並持續增長，才是可持續的好增長。

公司價值

　　價值結構的第三個層次是公司價值。公司價值的增值對於評價增長更為直觀，因為畢竟很多新興公司雖然財務指標表現一般，但公司價值卻在提升。談到公司價值，那必定會涉及公司價值的評估，這裡面包含的訊息量很大，因為公司價值不只與公司資產盈利水準、經營管理能力、品牌和無形資產等要素相關，也與外部要素相關，比如行業是否有爆發性的增長、所在資本市場的發達程度、投資方的風險偏好與預期收益等。所以對公司價值的評估是一

門技術，在某種意義上也是一門藝術，否則不會有2019年優步上市前與上市後相差一倍的估值差距，也不會有We-Work在臨近IPO時主動將自身估值調低近200億美元，最後還未能上市。

一般來講，公司價值評估有三種模型，第一個叫作預期現金流量估值模型，即一個企業到底值多少錢，取決於未來它所能帶來的現金流的貼現，這裡面有很多擴展性的模型，比如著名的「折現自由現金流的公司估值DCF」，由美國西北大學的阿爾弗雷德・拉巴波特（Alfred Rappaport）以及哈佛大學的邁克爾・詹森（Michael Jensen）提出，後來由麥肯錫公司的科普蘭（Copeland）進一步發展。

公司金融上定義價值非常明確，那就是「未來預期能否產生自由現金流貼現值」，所謂「自由現金流」，指的是企業所產生的滿足再投資需要之後的剩餘現金流量。很多人關注一家公司的利潤，而忽視自由現金流。自由現金流對企業而言更為關鍵，它考慮了維持或者增加公司利潤所需要投入的錢。亞馬遜一再虧損，但是其自由現金流情況極好，這也是貝佐斯最關注的財務指標。在1997年亞馬遜上市後第一封致股東的信中，貝佐斯寫道：「如果非要

讓亞馬遜在公司財務報表的華麗和自由現金流之間選擇，我毫不猶豫地認為最核心的關注點是自由現金流。」貝佐斯說到做到，對這個指標的強調貫穿了亞馬遜之後的整個發展歷程。自由現金流是「自由」的，是未來分配後不影響企業經營的資金。

第二種叫作市場乘數效應估值模型，比如說用市盈率來對比測量，這種方法也叫作可比公司法，即找到跟此公司類型相符的公司進行比較。市盈率（PE值）更多適合於穩定增長的公司，而對於高增長公司，我們應該更關注著名投資家彼得・林奇（Peter Lynch）所設計的PEG（PEto growth）指標，通過引入企業年盈利增長率來彌補了只用PE對企業動態成長性估計的不足。

第三種叫作客戶終身價值估算模型。從原理上講，一個公司的價值就是該公司現有和潛在的客戶終身價值的總和。客戶終身價值的估算方式在互聯網公司中應用較多。需要算出一個客戶的獲取成本和他的客戶終身價值，這樣對於新興公司而言，是否應該「燒錢」，「燒錢」是否指向未來價值的判斷標準就出來了——只有客戶終身價值遠大於客戶獲取成本，燒錢才有意義，否則就如同瑞幸咖啡

一樣，會在結構上出現問題。

　　當然，公司價值這個議題還可以延伸到更多維度，比如賽道價值、公司的生態價值、公司可以整合的產業價值等。所謂「賽道價值」，指的是某家公司可能看不到預期現金流、無同類公司可以比較、難以預測客戶終身價值，但是這家公司可能占據了某個行業賽道的領導者地位，一旦達到拐點就可能會爆發。比如經緯投資的「起源太空」，它是太空探索領域的先行者，同時也是中國第一家小行星採礦公司。而某家公司的生態價值指的是，切入其他公司業務中所能變現的價值區間的範圍，比如滴滴給騰訊創造的最大價值，在於其迅速引爆了微信支付作為全民支付的場景，一下把微信支付的用戶數量拉到了和阿里的支付寶一樣的層面，這才是騰訊從滴滴身上獲取的最大價值。公司可以整合的產業價值指的是，如果企業所在產業的市場集中度非常低且每家公司缺乏相應的壁壘，公司可以進行併購整合，獲得整合溢價，這就是19世紀美國金融家摩根的價值設計—用信貸槓桿的力量，將785家中小鋼鐵企業整合更名為美國鋼鐵，控制當時美國鋼鐵產業70％的產量，成為人類歷史上第一家資產超過10億美元的企

業。在同樣的邏輯下，約翰・洛克菲勒重組石油產業，威廉・杜蘭特把200多家汽車廠整合為後來的通用汽車。

　　有越來越多的公司採用了多維視角看待公司價值，例如海爾內部把傳統財務領域的三張報表（資產負債表、利潤表、損益表）進化成生態品牌時代的新三表（戰略損益表、E2E報表、共贏增值表），把生態價值量化。與傳統三表不同，新三表更反映出業務的持續價值、多元價值和利益相關方價值。這三張表，已經變成海爾生態品牌戰略的檢測手段，從另一個角度去審視公司和業務的價值，比如共贏增值表對應的是海爾集團內部經常提及的生態價值。

　　除此之外，還可以按照我在本書前文中各章的結構來做價值判斷，比如說根據業務結構，企業在撤退線上價值幾何、在底線上有沒有護城河、在增長線布局成功率如何、有沒有爆發線、天際線有多高。再比如洞察競爭結構、測量壁壘結構、分析合作結構，都可以最終指向公司的價值。的確，從技術上看我們已經有數學模型評估公司價值，但是即便如此，市場上對於新興公司的估值亦千差萬別，這背後的僵局在於數學模型中的參數難以客觀確定，似乎正如愛因斯坦那句名言，「並非所有重要的事物

都能量化」。價值評估中的數字與增長故事如太極的兩極一樣，看似互斥，實則相融。這也是美國紐約大學著名金融學教授阿斯沃斯·達摩達蘭（Aswath Damodaran）錯看優步價值的原因，所以他後來反思此事，寫了一本著作叫《估值與故事》。他在書中寫道：「數字氾濫造成一個令人啼笑皆非的後果是，由於可用資料過多，我們的決策過程甚至變得比以往還要簡化且不合理。另一個極為諷刺的現象是，隨著數字在絕大多數商業洽談中出現得越來越頻繁，人們對數字的信任度不斷降低，並轉而開始講述故事。」

　　我在與清華大學的朱武祥教授討論時，朱教授一直建議企業在招股說明書上要把商業模式寫清楚。明企業梳理增長模式、商業模式的顧問和參與上市的投資銀行顧問同等重要，因為企業的商業模式和增長模式可以清晰地向利益相關者傳遞出　公司的內在價值。朱教授建議在公司IPO的時候增加兩個披露：第一，披露企業的資源能力稟賦，讓投資者知道企業未來可能怎樣增長；第二，披露企業商業模式未來反覆運算的可能性。不要說未來股價會漲還是會跌，而是向投資者展示增長的可能性，就像亞馬遜不能僅說自己是賣書的，還要說未來可能進入哪些業務，

讓外界看到增長期權。這樣就讓業務的增長與公司價值的增長能夠有效結合。

　　公司價值有一種特例，即市值。不同於普通的公司價值，市值針對的是上市公司，所以往往是一個確定數，它指一家上市公司的發行股份按市場價格計算出來的股票總價值。計算市值的公式如下：

$$市值＝上市公司的利潤 \times 市盈率$$

　　從這個公式來看，提高市值可從兩個維度出發。第一個維度是提高公司的經營利潤。如果企業經營利潤暫時得不到提高，那就看第二個維度——估值水準，其所指向的核心指標即市盈率。這兩大維度，一個指向上市公司的基本面，一個指向上市公司的資本面。

　　從本質來看，市值管理的核心是這兩個維度的融合、互動，以實現價值的最大化，這是價值管理的終極目標。2005年，應當時深圳中航集團董事長吳光權先生的邀請，我們顧問團隊研究了一個問題：為什麼當時深圳中航集團旗下七家上市公司經營業績都不錯，但是這些上市公

司的母平臺中航國際控股的市盈率卻與香港市場的同類公司存在顯著差異？我們當時分析後得出一個重要結論，如同西方資本市場，香港資本市場對多元化公司價值存在著質疑，認為多元化公司業務複雜，難以形成核心優勢，所以在市值上存在天然性價值耗損。在此基礎上，我們幫助深圳中航重新梳理了增長邏輯。當年深圳中航旗下多家巨型公司如中航地產、深南電路、深天馬、天虹零售存在「產業互動─融合共生」的潛在優勢，所以我們建議將多元化集團的「母合優勢」（指通過母公司對公司整體的資源進行整合，為旗下子公司提供基礎價值和具有顯著競爭差異的價值。）有效傳遞給資本市場。很快，深圳中航在資本市場的市值就有了變化。

　　影響市值的因素有很多，比如說資本市場的選擇：一家企業是在美國、中國香港、新加坡，還是在上海、深圳上市，不同的上市地點，會有冰火兩重天般的估值。由於不同資本市場之間市盈率的不對稱，一些公司轉換市場，就能夠獲得市值的增加，這也是很多中國公司從美股撤離回歸本土的原因──重塑市值。市值還與資本市場的週期相關，也與週期中的熱點概念相關，比如說大數據、

IoT（物聯網）、網路遊戲、自貿區等概念的熱度，會影響到概念內相關公司的市值，這就是疫情之後Zoom市值暴漲到400億美元的原因之一。無論是要獲得公司價值還是市值的增長，企業都要抓住驅動增長的核心點。

三層價值組合

客戶價值、財務價值以及公司價值三個層次的增長才能構成價值的整體增長。而三者的組合不同，其價值增長的區間小大也不同。

正如我在前文提到的，客戶價值是其他兩大價值的基石，缺乏客戶價值，其他兩大價值的建立與增長就是空中樓閣，所以客戶價值是價值增長中的「必要元素」。一家缺乏客戶價值創造的企業，哪怕有高財務價值和公司價值，也會出現問題。而一家客戶價值不斷增長的公司，公司價值和財務價值必然會增長。

小米於2018年上市，雖然上市即破發，但小米之後的股價和市值卻一路回升，兩年後重回發行價，在2020年

末，其市值更是較上市時翻了一番，其根本原因在於小米是一家真正為客戶創造價值的公司。小米對其為客戶提供的價值是這樣描述的：「包括內容、娛樂、金融服務與效能工具，設備的互聯性，以及硬體和互聯網服務的無縫集成，使我們可以向用戶提供更好的用戶體驗。」小米以性價比極高的手機為核心，以MIUI系統為連接客戶的紐帶，通過AIoT（人工智慧物聯網）打造生活家居智慧硬體生態體系，牢牢地占領了客戶的時間和錢包占比。截至2020年第三季度，小米的智能手機已經賣了4660萬台，同比增長45.3％，僅小米AIoT平臺就連接了超過2.89億台設備，持續領跑全球消費物聯網。小米持續為客戶提供優質的價值，最終也在財務價值上也得到了體現：2020年第三季度，小米整體營收達到了476億元。

在三個價值的組合中，還可能會出現一種情景，即財務價值反映利潤為負，而公司價值在增長。這種情況在互聯網數位公司中比較明顯，而這些互聯網公司之所以虧損還能有公司價值增長，其核心在於其投入一旦在用戶或者基礎設施上突破拐點，利潤就會隨之而來，如亞馬遜、京東上市之後都長期虧損。但是並非所有的虧損都能

達到以上效應。蔚來汽車上市後長期虧損，2019年更是虧損114.14億元，然而其股價在2020年漲幅狂飆2700％。但造車新勢力的模式不符合原互聯網的「梅特卡夫定律」（Metcalfe's　law，簡單的定義是「一個網路的價值等於該網路內的節點數的平方」。），無法類比，所以這種非理性增長值得警惕。

　　還有一種情況是，財務價值增長，公司價值增長不大，主要反映在業務缺乏想像力。這種情況體現比較明顯的是珠寶公司，比如老鳳祥2019年營收496.29億元，盈利24.93億元，分別同比增長了13.35％和15.97％，是自上市以來的最好水準，但是其2019年市值只有197多億元，相較於2018年只增加了不到5％，同時市盈率也僅僅只有7.9。

　　從價值結構的組合中我們看到，客戶價值是基礎，缺乏客戶價值的新興公司不可能創造公司價值；而具備公司價值，財務價值卻為負，就要看其背後的原因，做進一步分析；三種價值都開始正向增長，說明公司業務開始走向成熟。

美團的價值結構

正如我們前文中提到的，對一家新興公司的價值進行判定，既需要有資料，也需要有故事，客戶價值是價值結構的基礎。一家傳統公司的價值高低，涉及這家公司估值的演算法，比如估值模型中的數量計算，通常用到的有自由現金流折現、可比公司法。

但是對於新興企業，往往傳統的估值方法就不太適用了。因為新興企業未來業務發展的不確定性極大，所以看到其增長性和未來的可能性極其重要，這些也都需要在衡量公司價值的過程中考慮到。對新興公司的估值就像下棋，要多看幾步，看變化。所以對這類公司價值的判定，關鍵不是用什麼方法，而是回到本質問題：「這是一個什麼企業？」「這個企業未來會怎麼樣？」如果亞馬遜上市之後被定義成「全球最大的互聯網書城」，其公司價值一定支撐不起今天的上萬億美元市值。但是如果把亞馬遜看作一個圍繞客戶終身價值的互聯網交易和服務平台，那麼亞馬遜由此可以延伸出來的各種業務就很有想像空間了。所以對於新興公司價值的評估，不僅要考慮公司的客戶價

值和財務價值,更重要的是對企業的生意進行定義。

　　作為中國最早一批成立的團購網站之一,美團如今已成為移動互聯網生活服務領域巨擘。不管是在個人電腦互聯網時代,還是在移動互聯網發展浪潮中,美團始終能夠在自己的主航道上保持高速成長。不僅如此,在其延伸的業務領域,比如外賣業務和電影票業務,美團的市場占有率分別超過50％和70％,均為行業第一;甚至在OTA強勢的酒旅業務領域,美團在酒店訂單量、間／夜量這兩個關鍵指標上,也已經超過攜程系的總和;美團甚至還投資新能源汽車製造。美團的增長戰略曾一度被冠稱「八爪魚」模式,業務範圍覆蓋之廣,堪稱互聯網界的「滿漢全席」。我們從美團的價值結構角度去剖析,來看看為何美團可以成長得如此迅速。

　　先看客戶價值,美團的業務本質就是一個需求與價值的「連通器」。美團的業務主要分為兩個方向:針對消費者的生活服務和針對商家的系統支援性服務。前者包括生活服務,覆蓋到家、到店、旅行和出行四大板塊;後者包括商家系統支援、行銷支援和供應鏈支援三大板塊。而作為一個O2O交易平臺,美團最重要的價值是實現了商戶與

消費者的雙向連接。其客戶價值在於通過連接C端消費者和B端商家的消費和供給需求，在滿足消費者的消費便利性的同時，提升了商家的經營效率。

不過，一個企業滿足了客戶價值，並不意味著一定會在市場中取得成功。我們前面講到，企業一定要有自己的盈利結構，通過創造利潤來提升自身財務價值。作為平臺型企業，美團獲得盈利的核心方式就是在交易中抽成。因此美團要保證盈利，就要做到兩點：一方面要提升平臺流量，通過不斷擴大平臺規模和業務類型提升整體交易量；另一方面要盡可能地深挖客戶需求，在更多的細分市場滿足客戶的不同需求，提升客戶黏性。

美團的流量在初期是以餐飲團購為主的「吃」流量，這種流量本質上是一種建立在交易基礎上的流量，特點是高頻率且再次購買率高。而在收購大眾點評之後，美團又獲得了另外一種流量——關注流量，從大眾點評導入的高品質評價，是消費者高度關注的資訊。從交易量來看，美團業務板塊中的餐飲外賣仍然是美團的「成長底線」業務，並始終在所有業務中保持最快的增長速度：餐飲外賣交易金額由2018年的2828億元人民幣增至2019年的3927億

元人民幣，同比增長38.9％。到此，美團基本完成了從關注到交易的流量布局，交易量得到了保證。

　　在深挖客戶需求方面，美團的業務領域圍繞大眾生活中除「衣」之外的「食住行」所有場景展開，並在C端進入一切可以形成交易的業務。美團構築業務體系的第一條戰略就是圍繞「吃」占領所有高頻業務，其次以高頻業務（如餐飲）帶動中頻業務（如美容），用中頻業務填補用戶在高頻業務之間的「時間間隙」，進一步擴大平臺服務的深度和廣度。而低頻業務（如機票）對於美團的意義在於「求全而不求精」，只要提供高於行業平均水準的服務即可。當平臺達到一定規模和一定的品牌認知度之後，可以進一步讓多個低頻需求的用戶逐步轉化去使用高頻服務，以此擴大對用戶生活時間和需求的覆蓋。

　　例如美團切入酒店業務的本質是挖掘了本地住宿需求，構築差異化的價值曲線，在紅海中找市場，服務攜程不服務的使用者。同時，美團在B端（企業用戶）則重點關注對商家的服務和支援。2019年，美團投入了110億元用於商家服務系統的改造與激勵，幫助商家提升服務能力和管理水準，其中就包括行銷平臺計畫、門店管理數位化、

金融服務、供應鏈支援（快驢）和先鋒商戶獎勵政策等。

　　在完成了這些布局之後，美團在財務價值上的表現也終於轉虧為盈。美團2019年第二季度財報顯示營收227億元，同比增長了50.6％，同時還實現了8.76億元的盈利。從利潤增長來看，餐飲外賣業務表現出色，超過酒旅板塊；新業務板塊的變現率也有顯著提升。從結果來看，餐飲外賣對美團來說是核心業務板塊，其不論是交易數量、交易金額還是利潤空間，都在不斷增長，而新業務板塊如打車出行等，也因其進入市場時間的增加開始呈現變現能力提高的勢態。

　　然而即使美團在客戶價值和財務價值上的布局非常成功，但其在上市之初市值也近乎腰斬，這與資本市場對其公司價值的衡量標準不無關係——投資者如何定義美團的生意。

　　在此先分析美團股票價格為什麼會在本書出版前後這段時間下跌。排除行業原因和市場宏觀因素，簡單來講是港股市場並不完全認可或者看不懂美團的模式，也無法清晰定義美團的生意。換句話說，資本市場認為美團「八爪魚」式的業務布局模式將盤子鋪得太大，資源不集中可

能會導致盈利水準下降。而美團前期的財報也似乎在印證
這一點：美團上市一段時間後一直沒有實現盈利，2018
年一年虧損了1155億元人民幣（其中包含1046億元的可轉
換可贖回優先股之公允價值變動），是2017年同期虧損的
5倍。與此同時，美團甚至還要收購「不良資產」，如美
團於2018年4月收購摩拜單車，被認為其資源不集中——
摩拜較差的盈利性和變現能力讓資本市場看到的更多是風
險。盈利性較差和業務邊界的不明確讓市場對其市值的評
估打了折扣。

　　再看其市值回漲的基礎。一方面是因為前文提到的美
團通過提升財務價值實現了盈利。但更重要的是，美團的
商業模式開始展現其獨特的價值魅力和想像空間。如今在
移動互聯網的加持下，開始出現「流量黑洞」（意為可以
強力吸附周邊流量的超級入口），這成為美團今天遇到的
最好的增長機會。據QuestMobile的研究，移動互聯網月
活躍用戶的增速一直在下跌，2017年12月增速為6.3％，
到了2019年3月降了近一半，至3.9％，移動互聯網的流量
紅利基本已經快到尾聲，而超級App進一步鎖定客戶的手
機，「使用者時間占比」才是競爭的重點。在流量留存時

代，未來占領客戶的「時間占比」將會比「品類占比」（指App是做什麼行業或者商業模式的，比如拼多多的品類是「社交電商」）更重要，這才是美團公司價值的核心。

　　美團在完成生活流量的布局之後，事實上就形成了可以強力吸附這一領域流量的超級入口，可以帶動一些中低頻業務：美團布局中低頻業務的意義在於讓消費者少下很多App。以美團的酒店用戶為例，79％以上的用戶手機中沒有安裝攜程和去哪兒，但基本上都在美團購買過團購券或者點過外賣。未來的用戶消費趨勢就是用幾個App就能搞定絕大多數場景，甚至可以這麼理解：超級App就是一個小型的Windows系統，應有盡有。

　　如果從這個邏輯上看，美團業務的發動機是流量，其業務本質是通過構築以消費者服務為中心的體系，最大程度獲取消費者的時間和空間，形成服務業務之間的引流和整體閉環。美團App越來越像一個超級應用入口，難怪上市之前美團把自己定義為「線上服務的亞馬遜」。王興說：「亞馬遜和淘寶，是實物電商平臺，而美團的未來是服務電商平臺。」今天美團對自身生意用「超級應用」來定義，已經被資本市場充分認可。截至2020年5月26日，

美團的總市值已經達到7778.69億港元,是阿里巴巴和騰訊之後中國第三大互聯網公司。這說明,美團在公司價值的打造上已經初步取得成果。

但是,具有成為超級App的想像空間不代表已經實現了想像。正如我在《增長的策略地圖》中寫道,一個偉大的公司追求「增長的天際線」,就是要穿透邊界,衝破天花板。今天,圍繞美團這個超級App展開的業務布局固然具備充分的想像力和可行性,但更加激烈的競爭才剛剛開始,能否繼續基於客戶價值進行更多增量市場業務挖掘,優化自身組織能力和效率,完善增長模式和邏輯,是美團能否守護7700億港元市值甚至突破萬億港元市值的核心增長要素邊界。

本章的最後,我想引用巴菲特的老師、證券分析之父班傑明·格雷姆的一句名言:「市場在短期內是一台投票機,但在長期內是一台秤重機。」換句話說,價值雖然可以衡量公司增長的結果,但並非導向公司增長的動因。前六大結構是過程,是方法,而價值結構是目的,是結果,兩者應該融合、貫通,這樣才能讓企業獲得好的增長。

思想摘要

- 增長也落實到如何幫助利益相關方創造價值，即在保持企業長期穩定發展的基礎上，實現企業價值的不斷增長，以便合理滿足各個利益集團的要求。

- 價值結構分為三個層次，這三個層次是客戶價值、財務價值和公司價值。客戶價值是其他兩個價值的基座。

- 客戶價值，本質上就是企業可以從客戶身上獲取利潤的空間範圍。可以簡單理解為，你的客戶願意為你的產品支付的錢，減去你生產這個產品的綜合成本，就是「客戶增加價值」。

- 有三個核心指標可以破解公司的利潤邏輯，分別是公司業務是否贏利、公司資產使用效率如何以及是否具備債務風險。也可以用價值公式表述為：淨資產收益率＝總銷售淨利率×資產周轉率×權益乘數。

- 公司價值評估有三種模型，第一個叫作預期現金流量估值模型，第二種叫作市場乘數效應估值模型，第三種叫作客戶終身價值估算模型。

- 不同於普通的公司價值，市值針對的是上市公司。

市值 ＝上市公司的利潤×市盈率。

• 從價值結構的組合中我們看到，客戶價值是基礎，缺乏客戶價值的新興公司不可能創造公司價值；而具備公司價值，財務價值卻為負，就要看其背後的原因，做進一步分析；三種價值都開始正向增長，說明公司業務開始走向成熟。

結語

增長結構與理性主義

　　我想先請大家看一幅畫，這是我最喜歡的畫作之一，現收藏於英國倫敦國家美術館。畫家名叫荷爾拜因（Hans Holbein der Jüngere），我喜歡將這幅畫叫作「荷爾拜因密碼」，它的英文名叫作 The Ambassadors（《大使們》）。

　　這幅畫創作於英法戰爭期間，1533年，法國的兩個使臣出使英國，找來了荷爾拜因為他們畫這幅全身肖像畫。荷爾拜因這個人非常有意思，他喜歡把自己對歷史和人性的洞察藏於畫中。這幅畫作，粗看只是一幅畫面描繪精細、技藝精湛的油畫作品，但是畫作中最引人注目的是兩人腳下斜放著的「棒子」。這根「棒子」在法語裡面叫 baguette，即我們俗稱的法棍。讓人疑惑的是，為什麼畫家要在畫作之中畫一根這麼突兀的法棍？但是當我們轉換一個視角，就會發現這根法棍的不同凡響之處——這是一

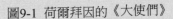

圖9-1　荷爾拜因的《大使們》

個骷髏！荷爾拜因通過「扭曲的透視法」將骷髏畫進了畫作之中，也把他對於現實的理解、這兩個使臣出使到英國所面臨的注定失敗的結局全部融入了這幅畫中。

　　我講這幅畫是想表達一個意思：從不同的維度去看同樣一件事物，你會發現格局不一樣，視角不一樣，背景不一樣，結論也完全不一樣。回到本書的主題來看，增長也是如此。

　　回顧一下本書我們談及的七大增長子結構，第一個子結構是業務結構，其本質上是看哪些業務的有效組合支撐起公司的增長。我所提出的增長五線，就是在尋求增長過程中對業務結構組合的梳理和重塑，幫助企業形成一張視覺化、動態的地圖，它包括撤退線、成長底線、增長線、爆發線和天際線。然而所有的業務增長必須落子於客戶，這是區分「良性增長」和「惡性增長」的金線。

　　所以第二個子結構是客戶結構，它由客戶需求、客戶組合以及客戶資產構成。我們可以看出，整個客戶結構都指向增長的可能性和有效性。但是，畢竟商業中不可避免的主題是競爭，在同一市場上不同的競爭者都在搶占客戶，殘酷性可想而知。

　　所以第三個子結構——競爭結構浮現。它以麥可·波特的五力模型為核心，我又提出公司卓越的競爭戰略應該以「反五力」為切口，化解五種力量對公司贏利能力的削弱。同時，在競爭驅動增長的視角下，好的競爭結構應該形成巴菲特所言的「護城河」。於是我以晨星公司的護城河模型（包括無

形資產、低生產成本、網路優勢和高轉換成本）為基礎，對其做減法，減到極致，得出核心點即「高轉換成本」，再將其按照程式型轉換成本、財務型轉換成本和關聯式轉換成本展開，這些要素之間的組合可以 明公司有效建立壁壘或護城河。我們又按照大多數企業的實際情況接著追問：當構建不出壁壘時，公司在競爭中如何存活？

　　那就必然指向第四個子結構—差異化結構。關於差異化，諸多專家切入研究，但是我將其合併成一個高度簡化的公式：差異化結構＝資源差異化＋ 模式差異化＋認知差異化。這就將戰略、商業模式、行銷一體貫穿，並可以讓企業識別不同情境下差異化的落位。在競爭的過程中，必然有一些公司在差異化生存後，雄心勃勃地拿起弓箭射向行業領導者，那麼如何讓這種以弱勝強的局面得以實現呢？

　　棋局至此就推演到了第五個子結構—不對稱結構，即通過有效手段，把對手的優勢有效轉化為弱勢，從而一劍封喉，一戰而勝。但是，商業競爭雖然類似於戰爭，卻不必處處皆為戰場，畢竟把市場

做大、把利潤做足才是企業增長的核心，有時候將對手變成夥伴，是更有效的增長策略，這正如博弈論的本質是要指向有效合作。

所以當我們把競爭再推一步，就會進入「競合」的棋局，形成企業增長的第六個子結構——合作結構。我將其分為四種：

聯合擴大市場、形成底層設施、賦能型模式和戰略聯盟。下棋的最終目的，是獲得勝利，而增長的最終目的，是要指向價值—價值可以作為增長是否有效的顯性判斷標準。

因此我在六大子結構之外，又構建了第七個子結構—價值結構。它分為三大層次，分別是客戶價值、財務價值和公司價值。客戶價值是其他兩個價值的基座。

這七大理性子結構形成一個相互影響的大結構，即我所提出的「增長結構」。正如我在前文所言，我想努力寫出的，不是一個下棋著數，而是整盤增長棋局背後的「棋譜」（見圖9-2）。

圖9-2　增長結構全圖

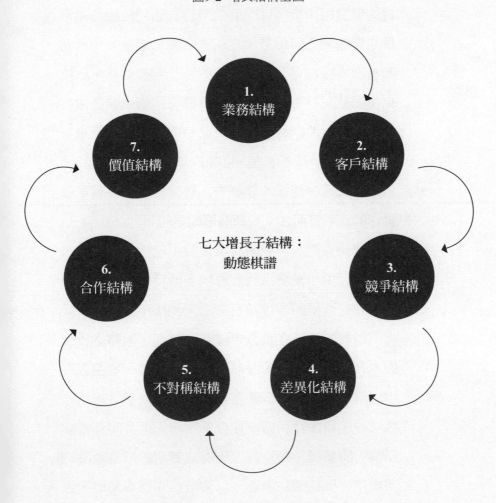

　　我想努力用企業實踐的問題意識，去與基於本質的理論相連接，以一個CEO諮詢顧問的視角去承接商業的理念與思考。在西方商業思想上，一代宗師有四：杜拉克、科特勒、波特、明茲伯格。杜拉克擅洞見，科特勒重系統，波特有結構，明茲伯格持批判。而他們的底層邏輯都是方法論，因此繞不開哲學。哲學不是真理，哲學的原意是「愛智慧」，是不斷反思、演進、昇華去「登堂入室」，哲學就是在問「本質何在」和底層邏輯是否可能。

　　我一直認為，我的商業理論中理性結構的底座是市場行銷和戰略這兩大領域，恰巧這兩座山峰都建立在經濟學的理性基石之上。然而不得不說，這兩門學科的發展在實踐中碰到了窘況。戰略過於宏觀，行銷過於微觀，而兩者融合出的增長理論似乎可以解決問題。如今的商業理論中有太多「雞湯」與玄學，科學性和原理性似乎不夠，而我將其推向結構，將麥可‧波特的思維方式貫穿於增長理論的架構中，以結構為中心，以情境與本質為基礎，致力於讓好理論指向「手起刀落」的好實踐。

　　最後，回到本書開篇我引用的德國古典哲學家伊曼努爾・康得的名言：「理性一手拿著自己的原理，一手拿著根據那個原理研究出來和實驗，奔赴自然。」

增長的邏輯

以「結構」決定的商業核心戰略

©王賽, 2021

本書中文繁體版由中信出版集團股份有限公司授權大雁文化事業
股份有限公司大寫出版在香港澳門台灣地區獨家出版發行。
ALL RIGHTS RESERVED

大寫出版

書　　　系	使用的書In Action	
書　　　號	HA0104	
著　　　者	王賽	
行銷企畫	王綬晨、邱紹溢、陳詩婷、曾曉玲、曾志傑	
大寫出版	鄭俊平	
發 行 人	蘇拾平	
出 版 者	大寫出版Briefing Press	
發　　　行	大雁文化事業股份有限公司	
	台北市復興北路333號11樓之4	
	讀者服務電郵：andbooks@andbooks.com.tw	

初版一刷 ◎ 2022年05月
定　　價 ◎ 480元
ISBN 978-957-9689-75-5

國家圖書館出版品預行編目 (CIP) 資料

增長的邏輯：以「結構」決定的商業核心戰略
／王賽 著
初版｜臺北市：大寫出版社出版：
大雁文化事業股份有限公司發行，2022.05
360 面 15*21 公分（使用的書 In action；HA0104）
ISBN 978-957-9689-75-5（平裝）
1.CST 企業經營 2.CST：商業管理 3.CST：企業策略

494.1 111002705